# LABRADOR ERZIEHUNG UND TRAINING

Das große Labrador Buch
Alles über Hundeerziehung, Ernährung, Welpen, Pflege, Hundesprache uvm.

inkl. Clickertraining und Hundespiele

**Ben Neumann**

**Originale Erstauflage**



**Softcover:** 978-3-96967-074-3

**Redaktion:** Finn Alexander Dubbels
**Lektorat:** Matthias Kramer
**Druck/Auslieferung:** WirmachenDruck
**Cover:** eriklam - deposithphotos.com

**Impressum:**

Eulogia Verlags GmbH
Nagelsweg 22a
20097 Hamburg
Deutschland

**Wir wünschen viel Vergnügen beim Lesen!**

# LABRADOR ERZIEHUNG UND TRAINING

EULOGIA
VERLAG

# INHALTSVERZEICHNIS

# Vorwort

Sie haben sich dafür entschieden, einen Labrador Retriever in Ihrer Familie aufzunehmen? Die friedliche und aufmerksame Hunderasse ist als besonders gut geeigneter Familienhund bekannt. Von den Welpenschuhen an ist der kleine Labrador ein richtiger Wirbelwind, der schnell frischen Wind in das Zusammenleben der Familie bringt. Seine treuherzigen Augen machen die Erziehung des intelligenten und lernbegierigen Hundes allerdings zu einer großen Herausforderung. Wer kann schließlich solchen Blicken widerstehen?

Tun Sie das. Beginnen Sie schon rechtzeitig mit der Erziehung Ihres vierbeinigen Begleiters. Ohne konsequente Erziehung entwickelt sich der Labrador schnell zu einem Hund, der mehrere unangenehme Eigenschaften an den Tag legt. Er beginnt, an den Schuhen, an der Kleidung und an den Möbelstücken zu kauen. Ist er unterbeschäftigt, sucht er sich seine Beschäftigungen selber. Nicht selten ist eine zerstörte Wohnung die Folge.

Durch lang andauerndes, lautstarkes Gebell versucht der Labrador, auf sich aufmerksam zu machen und endlich Beachtung und Zuwendung zu erhalten. Der Streit mit den Nachbarn ist vorprogrammiert.

Wie Sie sehen, kann auch eine freundliche Hunderasse Probleme bereiten, wenn sie nicht richtig erzogen wird. Besonders der Labrador mit seinem ausgeprägten Willen und seiner hohen Intelligenz benötigt besondere Konsequenz in der Erziehung.

Damit die Ausbildung des Familienhundes Erfolg hat, sollten Sie einiges über die Eigenheiten und Anforderungen dieser Hunderasse wissen. Denn das freundliche Wesen des Hundes macht seine Erziehung nicht gerade einfacher. Der Hund freut sich einfach über alles und jeden. Da fällt es nicht immer leicht, Regeln aufzustellen und Grenzen zu ziehen.

Ein Leckerchen und noch eines – und schon ist es passiert. Bei der tiergerechten Erziehung erfolgt das Training der Kommandos über Belohnung und Leckerchen. Aber warum soll man nur ein Leckerchen erhalten, wenn in der Tasche von Herrchen und Frauchen noch so viele köstliche Dinge warten? Bettelnde Augen – und schon werden Sie weich. Der Hund hat ja schließlich einiges geleistet. Aber was passiert wirklich? Zusätzliche Leckerchen bedeuten auch zusätzliche Kalorien. Schnell legt der Hund an Gewicht zu, ist nicht mehr fit, wird sogar krank. Das war sicher nicht Ihre Absicht.

Damit Sie Ihren Labrador von der Welpenzeit an konsequent und liebevoll erziehen und die wichtigsten Fehler in der Ausbildung vermeiden können, hilft ihnen dieses Buch. Es liefert Ihnen Informationen über die Hunderasse, die wichtigsten Eigenschaften und alle Besonderheiten, die beim Training eines Labradors beachtet werden sollten.

In diesem Buch erhalten Sie Ratschläge, mit welchen Methoden Sie den Labrador erziehen können und wie beide Seiten Spaß an dem Training haben. Einem Zusammenleben mit dem wundervollen Begleiter Labrador steht dann nichts mehr im Weg.

Jetzt wünsche ich Ihnen noch viel Spaß beim Lesen des Buches und bei dem erfolgreichen Training mit Ihrem Hund!

# Merkmale und Historie des Labradors

Bei dem Labrador Retriever handelt es sich um eine Hunderasse, die am 24.12.1954 endgültig vom FCI als eigenständige Hunderasse anerkannt wurde. Der derzeit gültige Rassestandard wurde am 13.10.2010 veröffentlicht. Die Hunderasse gehört zu der FCI Gruppe 8 Sektion 1 (Apportierhunde), Standardnummer 122.

## Die Geschichte des Labrador Retrievers

Wie bei allen Hunden ist der Ur-Ur-Ahn des Labradors der Wolf. Auch wenn in den meisten Rassenbüchern der Ursprung der Hunderasse in Großbritannien angesiedelt wird, ist das eigentlich nur teilweise richtig. In Großbritannien wurde die Hunderasse Labrador zum ersten Mal offiziell als eigenständige Rasse anerkannt.

Bezüglich der Entstehung der Hunderasse existieren verschiedene Theorien. Die Geschichte des Labradors beginnt mit Christopher Kolumbus und der Entdeckung der Neuen Welt. In der Folge entstand ein reger Handel zwischen den Kolonien in der Neuen Welt und den Kolonialmächten Frankreich, Großbritannien, Portugal und Spanien. Neufundland an der kanadischen Ostküste war zu dieser Zeit für den Fischreichtum bekannt. Trotz des feuchten und nebeligen Klimas und der kalten Temperaturen ist das Meer von den warmen Strömungen des Golfstroms durchzogen. Während der Fischfangzeit hielten sich viele Seefahrer in diesem Gebiet auf, um Fische zu erbeuten und Handel zu betreiben. In Neufundland bestand bereits im 16. Jahrhundert eine Fischindustrie, deren Bedeutung bis nach Europa reichte. Die Schiffbauer und andere Handwerker gründeten Siedlungen und blieben dauerhaft in Neufundland.

Die Menschen mussten sich auch ernähren. In dem unwirtlichen und rauen Klima war kaum Ackerbau möglich. Die Ernährung musste also durch den Fischfang und die Jagd erfolgen. Dazu benötigten die Seefahrer gute Jagdhunde, die auf den Schiffen nach Neufundland gelangten. Unter diesen Jagdhunden waren die verschiedensten Rassen vertreten: Spaniel, Wasserhunde, Hütehunde und Bloodhounds. Durch die Mischung der einzelnen Hunderassen entstand eine neue Rasse, bei deren Zucht vor allem auf das Apportieren und andere jagdliche Fähigkeiten Wert gelegt wurde. Die Hunde mussten robust und unempfindlich für Kälte und Nässe sein. Sie wurden sowohl zum Apportieren von Fisch als auch für die Jagd auf dem Land eingesetzt. Der neue Typ von Hund erhielt den Namen Neufundländer. Dabei existierten zwei verschiedene Rasseschläge längere Zeit nebeneinander: Der langhaarige, kräftige und große Neufundländer und ein etwas schlankerer Hund mit einem dichten kurzen Fell. Da der schlankere Hund vor allem in dem Gebiet um St. John´s gehalten und gezüchtet wurde, wurde dieser Rasseschlag auch St. John´s Dog genannt. Der St. John´s Dog hatte die Aufgabe, Fische und verloren gegangene Netze aus dem Meer zu holen und Unterstützung bei der Jagd zu leisten. Die ersten Aufzeichnungen über diese beiden Hunderassen stammen aus dem Beginn des 19. Jahrhunderts. Schriftsteller bezeichneten die Hunde mit verschiedenen Namen. Leider ist dadurch heute keine eindeutige Zuordnung des Labradors möglich.

1814 beschrieb Colonel Peter Hawker einen großen Hund, der bereits deutlich dem heutigen Labrador ähnelt. Er bezeichnete ihn als St. John´s Hund. Colonel Hawker betrachtete den Neufundländer bereits als eigene Rasse, die sich deutlich von dem St. John´s Hund unterschied. Er bezeichnete die kleineren Jagdhunde auch als Little Newfoundland Waterdog, Lesser Newfoundland, Labrador Dog oder English Labrador.

Der Ruf des St. John´s Hund als Hund mit guten Spür- und Stöbertrieb verbreitete sich bis nach Europa. Besonders geschätzt wurde die Weichmäuligkeit des Hundes und die Apportierfreudigkeit. Geschossenes Wild wurde durch den Hund ohne weitere Verletzungen zu dem Jäger gebracht. Der Labrador gelangte also auf den Schiffen wieder nach Großbritannien.

In England wurde die Jagd ausschließlich von den Adeligen betrieben. Der zweite Earl of Malmesbury besaß bereits 1809 einen Labrador und setzte den Hund bei der Jagd ein. Er gründete die erste Zucht des St. John´s Dog in England. 1835 gelangten die ersten Hunde bis nach Schottland. Der fünfte Duke of Buccleuch gründete einen eigenen Zwinger. Er bezeichnete seine Hunde bereits als Labrador. Für die Buccleuch Linie des Labradors wurden immer wieder Hunde aus Neufundland zur Blutauffrischung importiert und eingekreuzt. Aus der Malmesbury und der Buccleuch Linie entstand nach deren Vereinigung die heutige Zuchtlinie Malmesbury-Home-Buccleuch, die die Basis für den heutigen, modernen Labrador bildet.

Im Neufundland war der St. John´s Hund weniger erfolgreich. Als eine hohe Steuer auf Hunde eingeführt wurde, um die Schafzucht zu unterstützen, wurden viele Hunde getötet. Zusätzlich mussten neue Hunde, die aus England importiert wurden, bei der Einreise nach Neufundland für sechs Monate in Quarantäne. Eine teure Lizenz tat das Übrige. Die Rasse des St. John´s Dog wurde fast vollständig ausgelöscht. In England waren zu diesem Zeitpunkt bereits so viele Hunde verfügbar, dass ohne Inzuchtprobleme weiter gezüchtet werden konnte.

1900 existierte in England ein einheitlicher Typ des Labradors, der über einen stabilen Genpool verfügte. 1903 wurde der Labrador zum ersten Mal als eigenständige Hunderasse vom Kennel Club in England anerkannt.

Als sich am Anfang des 20. Jahrhunderts in England eine neue Jagdrichtung entwickelte, wurde der Labrador noch beliebter. Jagdliche Arbeitsprüfungen, die Field Trials, wurden eingeführt, um die besten Hunde für die weitere Zucht zu ermitteln.

In dieser Zeit wurde die Hunderasse Labrador dem Dual Purpose unterworfen. Der Hund sollte ein guter Arbeitshund und gleichzeitig ein guter Ausstellungshund sein. Erster Dual Champion auf Ausstellungen war Banchory Bolo von Lady Lorna Countess Howe. Es wurden in dieser Zeit auch weitere, große und einflussreiche Zwinger gegründet, die sich vor allem mit der Zucht von gelben Labradors beschäftigten.

1916 wurde der erste Rassestandard für den Labrador erstellt. Der Standard wurde bis 1950 nicht verändert. Hunde mit einer gelben Fellfarbe wurden erst nach 1925 als der Hunderasse Labrador zugehörig anerkannt.

Von 1930 an bildeten sich aus dem Labrador zwei Zuchtlinien heraus, bei denen sich die Hunde äußerlich stark unterscheiden. Bei dem Show Dog, einem massigen Hund, wurde vor allem auf die äußeren Erscheinungsmerkmale großen Wert gelegt. Den Gegenpart zu den Ausstellungshunden bildeten die Arbeitshunde. Die Field

Trial Dogs wurden gemäß ihrer Leistung ausgesucht und gezüchtet. Sie waren schlanker, kleiner und wendiger als die Ausstellungshunde.

In den 30iger Jahren wurde der braune, schokoladenfarbige Labrador als eigener Farbschlag der Rasse gezüchtet. Die offizielle Anerkennung der Farbe erfolgte erst 1961.

Heute ist der Labrador nicht nur als Jagdhund, sondern auch als Familienhund und Begleithund sehr beliebt.

## Der Rassestandard

Der erste Rassestandard von 1950 wurde am 24. Juni 1987 durch den heute noch gültigen Rassestandard ersetzt:

- Widerristhöhe: Rüde 56 bis 57 Zentimeter, Hündin 54 bis 56 Zentimeter
- Gewicht: Rüde 30 bis 40 Kilogramm, Hündin 25 bis 34 Kilogramm
- Körperbau: kräftig
- Schädel: breit
- Brustkorb: tief
- Rute: setzt in der Höhe der Rückenlinie an und verjüngt sich gegen die Spitze hin
- Fell: kurz mit wasserdichter Unterwolle
- Ohren: weit hinten am Schädel angesetzt, mittelgroß
- Fang: kräftig
- Zähne: Scherengebiss
- Wesen: intelligent, freundlich
- Lebenserwartung: 10 bis 13 Jahre

Hunde des Show Typs sind sehr kräftig gebaut. Die Schulterblätter sind leicht schräg angesetzt, die Vorder- und die Hinterbeine gerade und muskulös. Der Kopf ist breit und zeigt einen deutlichen Nasenstop. Die haselnussbraunen Augen haben einen freundlichen und intelligenten Ausdruck. Der Fang ist breit und kräftig. Der Schwanz, der am Ansatz sehr dick ist, ist vollständig von kurzen Haaren bedeckt. Die stockhaarigen Haare sind dicht, hart und kurz. Eine gut ausgebildete Unterwolle schützt den Labrador vor Kälte, Nässe und Schmutz. Das Fell darf nicht gewellt sein.

Als Fellfarben sind die Farbschläge Schwarz, Gelb und Braun derzeit anerkannt. Der kräftige Hals geht in einen tiefen Brustkorb über. Die Lende ist eher kurz.

Anders als der Show Dog ist der Field Trial Dog etwas kleiner, schlanker und wendiger. Sein Körperbau ist ideal für die jagdliche Führung geeignet. Der Kopf ist schmal mit einem längeren Fang. Der Stop zwischen Gesichtsschädel und Stirn ist weniger deutlich ausgeprägt. Der Brustkorb ist lang, aber weniger tief ausgebildet als bei einem Show Dog. Der Rücken ist langer und gut bemuskelt.

Beide Zuchtlinien verkörpern Teile des idealen Rassestandards. Der Dual Purpose Dog, der sowohl Show Dog als auch Field Trial Dog ist, kommt dem angestrebten idealen Rassestandard am nächsten. Das heutige Äußere des Labradors ist vor allem von den Show Dog Linien geprägt worden. Vom St. John´s Hund sind vor allem die Freude am Apportieren und am Wasser, der Will to Please und der hervorragende Spür- und Stöbersinn im modernen Labrador erhalten geblieben.

# Die unterschiedlichen Fellfärbungen

**Derzeit sind als Rassestandard drei Fellfarben zugelassen:**

- Schwarz
- Braun
- Gelb

**Bei allen Farben existieren verschiedene Abstufungen:**

- Gelb: Weiß, Gold, Rotgold, Fuchsrot
- Braun: Liver (Leberfarben), Schokolade, Schokoladenbraun, Silber

Normalerweise gilt ein einfarbiges Fell als Rassestandard. Hunde, die einen weißen Brustfleck oder Bolo Pads (weiße Abzeichen an den Pfoten) besitzen, werden ebenfalls zur Zucht zugelassen. Alle anderen Farbabweichungen sind ein absoluter Ausschließungsgrund von der Zucht.

Der vom St. John´s Dog abstammende Labrador hatte ursprünglich ausschließlich eine schwarze Fellfarbe. Hunde mit einem gelben Haarkleid wurden nicht für die Zucht zugelassen. Major Charles Radclyffe war der erste Züchter in Großbritannien, der den gelben Labrador Ben of Hyde 1899 für die Zucht verwendete. Heute ist der gelbe Labrador, dessen Fell in den Abstufungen Hellcreme, Champagner, Gold bis Fuchsrot vorkommt, ein begehrter Show Dog.

Hunde mit braunem Fell eroberten erst ab 1930 Europa. 1961 erfolgte die Anerkennung der Schokoladenfarbe als Zuchtfarbe. Die erste Hündin mit braunem Fell, die 1964 zur Zucht zugelassen wurde, war Cookridge Tango.

**Bei den drei Hauptfarben können verschiedene Abweichungen auftreten:**

Ein kleiner weißer Fleck auf der Brust oder die Bolo Pads, ein weißer Fleck an der Hinterseite der Füße, knapp oberhalb der Ballen, sind kein Ausschließungsgrund für einen Zuchthund.

Bei einigen Labrador Retrievern, die ein schwarzes oder braunes Fell haben, treten hellbraune Abzeichen auf (brown and tan, black and tan). Diese befinden sich an den Füßen, dem Kopf und der Brust. Bei einigen Hunden mit schwarzem oder braunem Fell wachsen vor allem an den Beinen hellbraune Haare. Das Fell wirkt in diesem Bereich wie gestromt. Bezeichnet wird diese Farbabweichung als brindle.

Von der Zucht ausgeschlossen werden Hunde mit der somatischen Mutation. Dabei handelt es sich um einen gelben Labrador, in dessen Fell schwarze Haare deutlich sichtbar sind. Die schwarzen Haare bilden Streifen oder Flecken. Die somatische Mutation wird nicht an die Nachkommen weitergegeben. Die betroffenen Hunde besitzen ein defektes Erbgut.

Seltener tritt eine Veränderung des Fells durch weiße Haare auf. Während die Welpen noch ein normal gefärbtes Fell besitzen, beginnen im Alter von wenigen Wochen am ganzen Körper weiße Haare zu wachsen. Es entsteht der Eindruck einer Salz-Pfeffer-Färbung. Bei den meisten Hunden verschwinden die weißen Haare nach dem ersten Lebensjahr wieder.

Fehlfärbungen können auch die Farbe des Nasenspiegels betreffen. Normalerweise ist die Nase des Labradors schwarz oder braun. Werden Hunde, die ein gelbes und ein braunes Gen für die Fellfarbe in sich tragen, miteinander gepaart, kann ihr Körper kein schwarzes Pigment bilden. Die Lider und die Nase sind rosa oder hellbeige (liver nose, Dudley).

## Die Fellfarbe Silber

Derzeit werden in den USA Hunde mit silberfarbenem Fell gezüchtet. Die silberne Farbe entsteht durch die Kreuzung eines braunen Labradors mit einem Hund, der ein Dilution Gen in sich trägt. Angeblich entstand die neue Fellfarbe durch eine Einkreuzung von Weimaranern. Von den Züchtern in Amerika wird dieser Punkt aber bis heute bestritten. Die silberne Fellfarbe ist nicht als eigene Farbe von den Zuchtverbänden anerkannt worden. Die Hunde werden nicht für die Zucht zugelassen.

Auch wenn Hunde mit einem silbernen Fell elegant und schön aussehen, ist die Farbe meistens auch mit gesundheitlichen Problemen verbunden. Das Dilution Gen hellt die ursprünglich dunkle Fellfarbe auf. Bei einem braunen Hund entsteht ein silbernes Fell. Aber auch ein Labrador mit einem schwarzen oder gelben Fell kann von dem Dilution Gen betroffen sein. In diesem Fall entsteht die Fellfarbe Charcoal beziehungsweise Champagner.

Bei einem Labrador, der das Diltuion Gen in sich trägt, entwickeln sich im Laufe des Lebens Pigmentstörungen am Kopf und am Bauch. Es treten helle Pigmentflecken auf der Haut auf. An diesen Stellen ist die Haut besonders empfindlich und verletzlich. Die Heilung von Wunden findet nur sehr langsam statt. Der Verdauungstrakt der betroffenen Hunde reagiert stark auf Umstellungen bei der Fütterung. Immer wieder treten Durchfälle auf. Da auch das Immunsystem von Hunden mit einem Dilution Gen geschwächt ist, ist die Lebenserwartung verkürzt.

## Die Lebenserwartung steht in einem engen Zusammenhang mit der Fellfarbe

Ein Labrador mit einem blonden oder schwarzen Fell hat eine deutlich höhere Lebenserwartung als ein Labrador mit braunem Fell. Häufig treten bei schokoladenfarbenen Labrador Retrievern bereits in einem frühen Alter Melanosarkome (bösartige Tumore) auf, die sich rasch im ganzen Körper ausbreiten. Die betroffenen Hunde sterben innerhalb von wenigen Monaten.

Eine kürzere Lebensdauer besitzen auch silberfarbene Labradore. Durch das geschwächte Immunsystem sind sie besonders anfällig für Erkrankungen. Die Tiere sterben schon im Alter von wenigen Jahren an Herz-Kreislauferkrankungen oder an Nierenversagen und Leberversagen.

## Wie vererben sich die einzelnen Fellfarben?

Die Farbe des Fells wird durch ein E-Gen, das für die Verteilung der Farbe verantwortlich ist, und ein B-Gen, das die Farbe codiert, erzeugt. Beide Gene können dominant oder rezessiv weitervererbt werden. Dabei setzen sich die dominanten Gene im äußeren Erscheinungsbild immer gegen die rezessiv vererbten Gene durch.

Dominante Gene werden mit Großbuchstaben, rezessiv vererbte Gene mit Kleinbuchstaben bezeichnet. Durch Kreuzungen sind viele verschiedene Kombinationen möglich, die die unterschiedlichsten Abstufungen in den Fellfarben ermöglichen.

Der Phänotyp des Labradors, die äußere Erscheinung, ist immer einfarbig: schwarz, gelb oder braun. Zusätzlich können Hunde in ihrem Genotyp, den Genen, die nicht nach außen sichtbar sind, eine weitere Farbe in sich tragen. Diese Hunde sind demnach nicht reinerbig, sondern mischerbig. Sichtbar ist immer das dominante Gen, das rezessive Gen kann aber an die Nachkommen weitervererbt werden. Deshalb können in einem Wurf sowohl braune als auch gelbe Welpen geboren werden.

Folgende Genkombinationen sind möglich:

- reinerbig schwarz: BBEE
- reinerbig braun: bbEE
- reinerbig gelb: BBee
- schwarz mit braun: BbEE
- schwarz mit gelb: BBEe
- schwarz mit braun und gelb: BbEe
- braun mit gelb: bbEe
- gelb mit braun: Bbee
- gelb, ohne schwarze Pigmente (Dudley): bbee

## Erbkrankheiten

Wie alle Rassehunde ist auch der Labrador von Erbkrankheiten betroffen. Obwohl die Hunde eher robust sind, treten zusätzlich zu den normalen gesundheitlichen Problemen verschiedene Erkrankungen häufiger auf als bei anderen Hunden. Durch gezielte Zucht versuchen die Züchter, vererbbare Krankheiten möglichst zu vermeiden. Ervip-Untersuchungen der Elterntiere helfen, unerwünschte Paarungen zu verhindern.

Vor jedem Kauf eines Labradors sollten Sie immer die Papiere der Eltern und Großeltern überprüfen. Natürlich lassen sich dadurch nicht alle Erkrankungen vermeiden. Aber Sie haben eine gute Wahrscheinlichkeit, bei einem beim Kynologenverband FCI registrierten Züchter einen gesunden Hund zu erhalten, der viele Jahre das Leben an Ihrer Seite teilt.

**Folgende Erbkrankheiten treten bei dieser Hunderasse häufig auf:**

- HD Hüftgelenksdysplasie
- Labrador Myopathie
- Epilepsie
- PRA Progressive Retina Atrophie
- HC Hereditärer Katarakt
- Axonopathie
- EIC Exercise Induced Collapse
- Fibrinoide Leukodystrophie
- ED Ellbogen Dysplasie
- OCD Osteochondrosis dissecans

**Weiter Krankheiten, von denen der Labrador häufig betroffen ist:**

- Übergewicht
- Allergien

**Hüftgelenksdysplasie**

Die angeborene Fehlbildung der Hüfte bereitet dem Hund meistens lebenslange Probleme. Die Pfanne im Beckenknochen ist zu flach ausgebildet. Dadurch kann der Kopf des Oberschenkelknochens nicht richtig einrasten. Bei jeder Bewegung rutscht der Oberschenkel aus der Pfanne. Die ständigen Luxationen des Hüftgelenks sind für den Labrador sehr schmerzhaft. Die Knochen reiben aneinander und der Gelenkknorpel nützt sich schneller ab als bei einem normalen und gesunden Gelenk. Es entsteht eine Arthrose. Durch die verschobene Stellung des Hüftgelenks wird der Oberschenkel nach innen gezogen. Der Labrador kann das Hinterbein nur kurz nach vorne bewegen.

Bei einer weiteren Form der HD ist der Winkel der Pfanne des Beckens gegen den Oberschenkel verschoben.

Die Hüftgelenksdysplasie tritt in verschiedenen Graden auf. Bei einer geringgradigen HD kann der Labrador mehrere Jahre fast beschwerdefrei leben. Die mittelgradige HD verursacht schon mehr Probleme. Die Hunde haben beim Laufen Schmerzen. Die Lahmheit ist deutlich sichtbar. Bei der hochgradigen HD können die Hunde fast nicht mehr aufstehen. Der Gang ist stark beeinträchtigt.

Abhängig vom Grad der Hüftgelenksdysplasie muss eine Korrektur durch eine Operation erfolgen. Bei einer leichten HD ist es häufig ausreichend, den Musculus pectineus an der Innenseite des Oberschenkels zu durchtrennen. Durch die Durchtrennung des Muskels wird der Oberschenkel nicht mehr so stark nach innen gezogen. Das Hüftgelenk wird entlastet. Liegt eine hochgradige HD vor, benötigt der Labrador ein künstliches Hüftgelenk. Bei einer Fehlstellung der Gelenkpfanne müssen die Beckenknochen durchtrennt, geschwenkt und wieder fixiert werden.

Um einem Labrador, der von einer HD betroffen ist, die Schmerzen zu erleichtern, wird eine konservative Schmerzbehandlung durchgeführt. Alternativ ist eine Behandlung mit Akupunktur oder das Setzen von Goldimplantaten möglich. Teufelskralle, Katzenkralle und Chondroitin-Präparate unterstützen die Funktion und das Wachstum des Gelenkknorpels. Die Abnützung des Hüftgelenks kann etwas hinausgezögert werden.

Die Hüftdysplasie wird aber nicht nur vererbt. Das Risiko für diese Erkrankung wird z.B. auch durch eine falsche Fütterung während des Wachstums erhöht. Enthält das Hundefutter zu viel Energie, wächst der Labrador zu schnell. Es entstehen Fehlbildungen an der Hüfte und an den anderen Gelenken.

Um eine weitere Vererbung der HD zu unterbinden, muss das Hüftgelenk der Hunde vor der Zulassung zur Zucht untersucht werden. Da das Skelett bis zu einem Alter von 18 Monaten noch wächst, kann die Röntgenuntersuchung erst in diesem Lebensalter stattfinden. Der Hund erhält eine Kurzzeitnarkose. Er wird auf dem Rücken gelagert. Der Tierarzt streckt die Hinterbeine und dreht gleichzeitig die Knie des Hundes nach innen. Auf dem Röntgenbild wird der Winkel ermittelt, der sich aus der Stellung des Oberschenkels und des Beckenknochens ergibt (der sogenannte Norberg-Winkel).

Hunde, die unter Hüftgelenksdysplasie leiden, sollten nicht für die Zucht eingesetzt werden.

## Labrador-Myopathie

Die erbliche Myopathie des Labradors ist seit 1976 bekannt. Der Gendefekt, der rezessiv vererbt wird, besteht in einer Mutation des PTPLA-Gens. Rüden und Hündinnen sind von der Erbkrankheit gleichermaßen betroffen. Es erkranken allerdings nur Tiere, denen der Gendefekt von beiden Elternteilen vererbt wurde.

Die ersten Krankheitserscheinungen treten schon ab einem Alter von sechs Wochen auf. Die Muskelzellen werden zerstört und durch Bindegewebe ersetzt. Betroffen sind vor allem Muskelfasern vom Typ II, die für die Ausdauer der Muskeln verantwortlich sind. Die Muskeln werden immer schwächer. Der Gang ist steif. Kopf und Hals können von dem Hund nicht mehr normal gehalten werden. Die Schwäche der Muskulatur wird durch Belastungen, Kälte oder Aufregung und Stress verstärkt.

Eine Behandlung der Erkrankung ist nicht möglich. Bei leichten Verlaufsformen kann der Labrador ohne zu starke Einschränkungen leben. Bei einem schweren Verlauf ist die Lebensqualität so stark eingeschränkt, dass die Hund eingeschläfert werden müssen.

Die Veranlagung für die Labrador-Myopathie kann durch einen Gentest nachgewiesen werden. Da Träger des Gens, die selber nicht erkranken, die Erbkrankheit an 50 Prozent der Nachkommen weitervererben, sollten alle positiven Hunde von der Zucht ausgeschlossen werden.

## Epilepsie

Die idiopathische Epilepsie, die ohne Verbindung zu einer anderen Grunderkrankung auftritt, wird durch eine Verringerung der Reizschwelle im Gehirn verursacht. Die Nervenimpulse können schneller und intensiver von Neuron zu Neuron springen. Es bildet sich eine Übererregung der Nervenzellen, die zu Krampfanfällen führt.

Die ersten Anfälle treten in einem Alter von eineinhalb bis fünf Jahren auf. Bei leichten Anfällen ist der Labrador kurzzeitig nicht ansprechbar. Er steht und starrt ins Nichts. Ein generalisierter Anfall verläuft schwerer und dauert länger. Der Hund fällt um und liegt in Seitenlage. Die Beine zucken krampfartig. Aus dem Mund rinnt Speichel, die Augen sind verdreht. Durch Krämpfe der Kaumuskulatur entsteht aus dem Speichel Schaum, der sich rund um den Mund des Hundes ansammelt. Unwillkürlich wird Harn und Kot abgesetzt. Meistens dauern die Anfälle, die sich durch Unruhe und Nervosität ankündigen, bis zu zehn Minuten. Nach einem Anfall ist der Labrador erschöpft und desorientiert. Er benötigt längere Zeit, um sich in der Umgebung wieder zurechtzufinden.

Um die Krampfanfälle zu unterdrücken oder zu lindern, erhält der Hund lebenslang Anti-Epileptika. Die Dosierung der Medikamente muss von einem Tierarzt individuell eingestellt werden. Bis zu 30 Prozent der Hunde reagieren resistent auf die Antiepileptika. Ein ausreichender Wirkstoffspiegel im Gehirn kann nicht erreicht werden. Diese Hunde besitzen ein Eiweiß-Transporter-Molekül, das den Wirkstoff sofort wieder aus der Nervenzelle abtransportiert.

Durch die lebenslange Behandlung werden die Nieren und die Leber stark belastet. Eine regelmäßige Kontrolle der Organfunktion durch eine Blutuntersuchung ist erforderlich.

Die primäre Epilepsie kann derzeit noch nicht durch einen Gentest nachgewiesen werden.

## PRA: Progressive Retina Atrophie

Bei der Progressiven Retina Atrophie kommt es zu einer ständig fortschreitenden Veränderung der Netzhaut (Retina). Das Sehvermögen des Hundes wird immer schlechter, schließlich erblindet er.

In der Netzhaut befinden sich Stäbchen, die für das Hell-Dunkel-Sehen und Kontraste verantwortlich sind, sowie Zapfen, durch die der Hund Farben wahrnehmen kann. Bei der PRA kommt es zuerst zu einer Zerstörung der Stäbchen. Der Labrador ist bei geringem Lichteinfall in der Dämmerung nicht mehr in der Lage, Gegenstände wahrzunehmen. Im Endstadium werden auch die Zapfen zerstört. Da keine funktionsfähigen Sinneszellen, die die Reize an das Gehirn weiterleiten können, mehr vorhanden sind, ist der Labrador vollständig blind.

Die PRA wird rezessiv vererbt. Der Hund muss das defekte Gen von beiden Elternteilen erhalten. Ein Labrador, der das mutierte Gen in sich trägt, vererbt es also an die Hälfte seiner Nachkommenschaft.

Eine Behandlung der Progressiven Retina Atrophie ist nicht möglich. Die Erblindung des Hundes kann nicht vermieden werden. Um die Erbkrankheit zu bekämpfen, muss der Schwerpunkt auf die Zucht verlagert werden. Bevor ein Labrador zur Zucht zugelassen wird, führt der Züchter einen Gentest durch. Träger des defekten Gens dürfen nicht für die Zucht eingesetzt werden, auch wenn sie nicht selber erkranken.

## HD: Hereditärer Katarakt

Bei dem Hereditären Katarakt handelt es sich um eine Erkrankung der Linse des Auges, die auch als Grauer Star bezeichnet wird. Die Linse, die aus einer Kapsel und einem Kern besteht, liegt zwischen dem Glaskörper des Auges und der hinteren Augenkammer. Sie wird durch Fasern in ihrer Position gehalten. Durch Einlagerungen von Wasser und anderen Substanzen im Inneren der Linse, quillt der Kern auf. Er wird trüb und undurchsichtig. Das Auge erscheint von außen grau. Solange nur kleine Bereiche der Linse von den Veränderungen betroffen sind, kann der Labrador noch sehen. Ist die ganze Linse trüb, verdeckt sie den Augenhintergrund mit der Retina vollständig. Es kann kein Licht mehr zu den Sinneszellen durchdringen. Mit dem Fortschreiten der Erkrankung löst sich die Linse auf. Die austretenden Stoffe verursachen eine schwere Entzündung des Auges.

Sind beide Augen betroffen, kann sich der Labrador nur mehr schlecht orientieren. Auch wenn er sich mehr auf seinen guten Geruchssinn verlässt, darf der Hund nicht mehr ohne Leine ausgeführt werden – zu groß ist die Gefahr von Unfällen.

Da die Trübung der Linse ständig fortschreitet, muss die Behandlung durch eine Operation erfolgen. Die undurchsichtige Linse wird entfernt und durch eine Kunstlinse ersetzt.

## Axonopathie

Bei der Axonopathie sind alle Nerven betroffen, die außerhalb des Rückenmarks und des Gehirns liegen und das periphere Nervensystem bilden. Die Nerven sind entzündet. Die weiße Substanz bildet sich durch die Entzündung immer weiter zurück und zerfällt schließlich. Erste Symptome sind bereits kurz nach der Geburt des Labradors sichtbar. Durch die unkontrollierten Bewegungen der vorderen Beine kann sich der Hund nur schwer fortbewegen. Um das Gleichgewicht zu erhalten, richtet der Hund die Hinterbeine steil auf und stellt die Pfoten weit auseinander. Dabei ist ein deutliches Zittern der Muskulatur an den Hinterbeinen zu sehen. Die Krankheit, auch Neuropathie genannt, schreitet immer weiter fort. Im Endstadium ist der Labrador nicht mehr in der Lage, ohne Hilfe aufzustehen. Da eine Heilung nicht möglich ist, sollte der Hund eingeschläfert werden, um ihm weitere Leiden zu ersparen.

## EIC: Exercis Induced Collapse

Auch bei der EIC handelt es sich um eine neuromuskuläre Erkrankung, die rezessiv vererbt wird. Träger des Gens geben die Erkrankung an 50 Prozent der Welpen weiter, erkranken aber nicht selber. Um die weitere Vererbung der Erkrankung zu verhindern, sollte bereits im Alter von fünf bis sechs Wochen ein Gentest durchgeführt werden. Von dem mutierten Gen betroffene Hunde müssen strikt von der Zucht ausgeschlossen werden.

Anders als bei der Axonopathie sind die ersten Krankheitserscheinungen erst zwischen sechs Monaten und drei Jahren sichtbar. Die Weiterleitung der Nervenimpulse funktioniert nicht mehr, da das dafür verantwortliche Eiweiß nur in zu geringer Menge vorhanden ist. Bei leichten Anstrengungen zeigt der Labrador meistens keine

Symptome. Erst bei einem intensiveren Training oder einer längeren Aufregung entsteht eine zu geringe Weiterleitung der Nervensignale. Der Hund fällt zusammen und kollabiert. Erstes Anzeichen dafür ist ein schwankender Gang. Die Hinterbeine knicken immer stärker ein, bis der Hund umfällt. Für einige Zeit werden überhaupt keine Nervensignale mehr weitergeleitet. Die Hinterbeine sind gelähmt und schlaff. Nach zehn Minuten bis zu einer halben Stunde erholt sich der Labrador wieder.

Liegt ein schwerer Verlauf der EIC vor, knicken auch die Vorderfüße ein und sind von der Lähmung betroffen. Bei besonders schweren Verlaufsformen tritt der Tod durch eine Lähmung der Atemmuskulatur ein. Eine gezielte Behandlung der Hunde ist nicht möglich. Um einen Kollaps zu vermeiden, darf kein intensives Training oder Hundesport durchgeführt werden.

Um die Verbreitung der EIC einzudämmen, sollte ein Gentest durchgeführt werden. Von der Mutation betroffene Hunde dürfen nicht für die Zucht verwendet werden.

### Fibrinoide Leukodystrophie

Bei der sogenannten Alexander Disease wird das Rückenmark des Hundes langsam zerstört. Die Nervenzellen sind missgebildet und bilden sich immer stärker zurück. Die genaue Ursache der Erkrankung ist noch nicht geklärt. Die Muskulatur der Hinterbeine wird nicht mehr ausreichend mit Nervenimpulsen versorgt und wird schwächer. Der Gang des Labradors ist schwankend. Im weiteren Verlauf der Erkrankung bricht der Hund immer wieder zusammen. Schließlich sind die Hinterbeine vollständig gelähmt. Die Erbkrankheit, die nicht behandelt werden kann, schreitet schnell voran. Betroffene Hunde sollten eingeschläfert werden, um ihnen einen weiteren Leidensweg und einen qualvollen Tod zu ersparen.

## ED: Ellbogen-Dysplasie

Bei der Ellbogen-Dysplasie handelt es sich um eine Erkrankung des Ellbogengelenks, die während des Wachstums des Hundes auftritt. Wird die Erbkrankheit nicht behandelt, bildet sich eine schwere Arthrose (Abnützung des Gelenks).

Das Ellbogengelenk besteht aus der Elle und Speiche des Unterarms und dem Oberarmknochen. Durch die Fehlbildung entsteht eine Stufe im Gelenk, die einen normalen und schmerzfreien Bewegungsablauf unmöglich macht. Die ED ist aber nicht nur angeboren. Erhält der Welpe ein Futter mit einem zu hohen Gehalt an Energie, wächst er zu schnell. Vor allem eine zu hohe Versorgung mit Vitaminen und Kalzium fördert das Entstehen einer Ellbogen-Dysplasie.

Betroffen von der Veränderung des Gelenks können der Processus coroneus und der Processus anconeus sein. Die Wachstumsfuge des Processus anconeus verknöchert nicht. Der Knochenfortsatz bleibt abnorm beweglich und verursacht eine Entzündung des Ellbogengelenks.

Ist die Elle länger als die Speiche, wird der Processus coroneus bei jeder Bewegung des Gelenks stark belastet. Er bricht ab und verursacht eine Entzündung des Gelenks.

Die Diagnose wird durch eine Röntgenaufnahme gestellt. Fehlstellungen des Gelenks müssen durch eine Operation korrigiert werden, damit keine schweren Gelenkschäden entstehen. Nur in sehr leichten Verlaufsformen ist eine konservative Therapie mit Schmerzmitteln ausreichend.

Von der Ellbogen-Dysplasie betroffene Hunde sollten immer von der Zucht ausgeschlossen werden.

## OCD: Osteochondrosis dissecans

Die Osteochondrosis dissecans ist ein Teil der Ellbogen-Dysplasie. Das Wachstum des Knorpels am Oberarmknochen ist gestört. Meistens sind aber auch andere Gelenke, wie das Kniegelenk oder das Schultergelenk, betroffen.

Ein Welpe besitzt ein Skelett, das noch teilweise aus Knorpeln besteht. Normalerweise verknöchern die knorpeligen Teile während des Wachstums. Diese Verknöcherung findet bei der Osteochondrosis dissecans nicht statt. Da der Knorpel nicht ausreichend durch das Gewebe der Umgebung mit Sauerstoff und Nährstoffen versorgt wird, stirbt er ab. Das tote Knorpelgewebe wird von dem gesunden Gewebe abgestoßen. Es schwimmt frei in der Gelenkflüssigkeit und verursacht eine Entzündung des Gelenks.

Meistens zeigt der Labrador im Alter von vier bis sieben Monaten eine Lahmheit. Er hat Schmerzen. Die Gelenke sind stark angeschwollen. Wegen der Schmerzen bei jeder Bewegung spielt der Hund nicht mehr und verweigert längere Spaziergänge.

Die OCD wird aber nicht nur vererbt. Zu energiereiches Futter und ein zu schnelles Wachstum können die Erkrankung ebenfalls auslösen. Gefördert werden die Veränderungen des Knorpels auch durch falsche Bewegungen und Überlastung in der Wachstumsphase. Wildes Spielen, abruptes Wechseln der Richtung oder hohe Hindernisse beim Hundesport verursachen eine Überbeanspruchung der Gelenke. Es bilden sich Brüche und große Risse innerhalb des Gelenkknorpels. Der Labrador beginnt zu lahmen.

Die Behandlung erfolgt durch ein Ruhigstellen des betroffenen Gelenks. Schmerzmittel und Medikamente, die die Entzündungen verringern, verhelfen dem Labrador zu einer besseren Beweglichkeit. Wichtig ist immer, trotzdem während der Heilungsphase auf die Schonung der Gelenke zu achten. Befindet sich bereits abgestorbenes Knorpelgewebe im Innenraum des Gelenks, muss es durch eine Arthroskopie entfernt werden. Um weitere Bewegungsstörungen zu vermeiden, erhält der Hund eine regelmäßige Physiotherapie, mit der die Muskulatur gekräftigt und die Beweglichkeit der Gelenke gefördert wird.

## Übergewicht

Ein Labrador ist nie satt. Er ist verfressen und ist bereit, alles für sein Futter und weitere Leckerchen zu tun. Doch warum ist das so? Einige der Hunde leiden an einem Gen-Defekt des POMC-Gens. Ein intaktes Gen ist dafür verantwortlich, dass Botenstoffe erzeugt werden, die im Gehirn das Gefühl „Ich bin satt" auslösen. Fehlt dieses Gen, hat der Labrador nie das Gefühl, genügend gefressen zu haben.

Jetzt liegt es an Ihnen. Sie entscheiden, ob Sie dem treuherzig bettelnden Blick widerstehen oder dem Hund jedes Mal, wenn er bettelt, ein Leckerchen geben. Nicht jeder Labrador, der das defekte Gen besitzt, muss auch automatisch ein übergewichtiger Hund werden.

Achten Sie bei dem Futter auf gesundes und ausgewogenes Futter. Sie können sich auch immer wieder mit kalorienreduziertem Diätfutter behelfen.

Nutzen Sie den Vorteil, den ein Labrador mit dem Gendefekt bietet. Er wird für sein Futter alles tun. Sein „Will to please" ist besonders groß. Er wird alle verlangten Übungen absolvieren und auch vor einem Training nicht zurückscheuen. Hauptsache er erhält Futter.

Entwickelt der Labrador Übergewicht, hat das schlimme gesundheitliche Folgen für den Hund. An den Gelenken entstehen durch die ständige Überbelastung Arthrosen. Die Bauchspeicheldrüse ist überlastet, es entsteht Diabetes mellitus (Zuckerkrankheit). Durch die Einlagerung von Fett in die Leber ist die Leberfunktion gestört. In dem angesammelten Bauchfett treten chronische Entzündungen auf, die das Risiko für eine Krebserkrankung erhöhen.

## Allergien

Bei der Hunderasse Labrador treten relativ häufig Allergien auf. Die Hunde sind vor allem von Futtermittelallergien betroffen. Die Allergene lösen eine Entzündung der Darmschleimhaut aus. Diese wird durchlässiger, große Moleküle aus dem Futter können sich mit dem Blut im ganzen Körper verbreiten. Der Labrador empfindet einen starken Juckreiz. Er kratzt sich und benagt ständig sein Fell. Teilweise scheuern sich die Hunde an verschiedenen Gegenständen. Die Haare brechen ab und fallen aus. Vor allem im Bereich des Bauchs sind die Hunde schnell haarlos.

Seltener als Futtermittelallergien treten Allergien gegen Pollen oder Milben und andere Parasiten auf.

Bei der Behandlung sollte möglichst vermieden werden, dass der Labrador dem Allergen weiter ausgesetzt wird. Ist das nicht möglich, kann bei einem Tierarzt eine individuelle Desensibilisierung durchgeführt werden.

Labrador mit gelbem Fell reagieren auch häufig sehr empfindlich auf das Auftragen von Spot-on Präparaten. Werden Mittel gegen Flöhe und Zecken zwischen die Schulterblätter getropft, entzündet sich in diesem Bereich schnell die Haut. Die Stelle ist gerötet und entzündet. Es entsteht ein nässendes Ekzem. Besser vertragen werden Medikamente für die Bekämpfung von Flöhen, Zecken und Würmern, die in Form von Tabletten verabreicht werden können.

## Welche Ansprüche stellt ein Labrador Retriever?

Auch wenn der Labrador Retriever heute als Familienhund und Begleithund sehr beliebt ist, bleibt er im Grunde seines Wesens immer ein Jagdhund. Vor allem das Wasser ist sein bevorzugtes Element. Der Hund ist gerne draußen und liebt es, lange Spaziergänge zu unternehmen. Auch längere Touren mit dem Fahrrad sind für den sportlichen und bewegungsfreudigen Hund kein Problem. Natürlich darf dabei die Abwechslung nicht zu kurz kommen. Die quirligen Hunde wollen körperlich und geistig ständig gefordert werden.

Als Jagdhund besitzt der Labrador einen besonders guten Geruchssinn. Er möchte schnüffeln und immer wieder neue Dinge mit der Nase entdecken. Was liegt also näher, als die Vorlieben des Labradors mit der Nasenarbeit beim Man Trailing oder der Fährtensuche zu befriedigen? Hier kann der Hund richtig glücklich sein und seine natürlichen Instinkte ausleben.

Zusätzlich zu den Spaziergängen benötigt der Labrador Retriever auch immer eine Möglichkeit, zu schwimmen. Apportieren von Schwimmspielzeug aus dem Wasser bereitet dem Hund höchstes Vergnügen. Da der Labrador sicher nicht genug vom Wasser bekommt, sollten Sie immer darauf achten, dass die Schwimmzeit und das Spielen im Wasser nicht zu lange dauert. Schluckt der Hund während des Apportierens zu viel von dem Wasser, ist eine Wasservergiftung die Folge. Das Blut wird durch das Wasser zu stark verdünnt, der Flüssigkeitshaushalt gerät aus dem Gleichgewicht. Wird der Labrador nicht rechtzeitig von einem Tierarzt behandelt, fällt er in einen Schockzustand und stirbt innerhalb weniger Stunden.

Für die Zwingerhaltung ist der Labrador Retriever nicht geeignet. Er benötigt Familienanschluss und fühlt sich nur innerhalb seines Rudels wohl. Am liebsten ist ihm, wenn die ganze Familie zusammen ist.

Als Jagd- und Apportierhund besitzt der Labrador einen extrem starken Will to please. Er möchte seiner Familie gefallen und wird sich den Lebensumständen gerne und einfach anpassen. Dieser Wille zu gefallen macht das Training des Labrador Retrievers einfach. Er lernt gerne Kunststücke und lässt sich auch einfach erziehen. Nur beim Futter ist Konsequenz gefragt, damit der Hund kein Übergewicht entwickelt. Besonders gut geeignet ist diese Hunderasse für das Clickertraining oder Intelligenzspielzeug.

# Für welche Menschen ist der Labrador Retriever die geeignete Hunderasse?

Der Labrador Retriever ist kein Stubenhocker. Das Leben als „Couch Potato" wird dem Hund schnell zu langweilig. Er möchte nach draußen und etwas erleben. Daher ist der Labrador Retriever vor allem für Menschen geeignet, die gerne lange Spaziergänge und Wanderungen in der Natur unternehmen. Der perfekte Halter eines Labrador Retrievers muss aber nicht nur gerne aktiv sein. Er benötigt eine große Portion Geduld und Flexibilität. Denn Abwechslung ist gefragt. Ein zu eintöniges Leben akzeptiert der Labrador Retriever nicht. In diesem Fall sorgt er selbst für Abwechslung und nimmt sich notfalls auch schon einmal die Wohnung vor.

Ein Labrador als Gefährte krempelt immer das Leben um. Die kleinen Fressmaschinen sind ständig auf der Suche nach Futter. Alles wird nach Hundeart einfach ausprobiert und gefressen. Da kann es schon einmal vorkommen, dass die gefressenen Dinge nicht wirklich verdaulich sind. Vor allem Junghunde sind ständig in Gefahr, Fremdkörper zu fressen und einen Darmverschluss zu erleiden. Wer mit einem Labrador Retriever zusammenleben möchte, sollte sich also darüber im Klaren sein, dass nichts herumliegen darf. Solange der Hund nicht erwachsen ist, muss seine Umgebung immer wieder nach Fremdkörpern abgesucht werden. Manchmal ist es sogar schon vorgekommen, dass ein Labradorwelpe sein eigenes Brustgeschirr gefressen hat, das einfach auf dem Boden gelegen ist. Der Labrador ist durch seine Vorliebe für Futter und damit auch für unverdauliche Dinge – bei fehlenden Vorsichtsmaßnahmen – eigentlich immer ein Fall für den Tierarzt.

Wer einen Labrador in seine Familie aufnimmt, sollte eine große Wohnung, wenn möglich mit Garten, besitzen. Kleine Wohnungen werden von dem Hund nur dann toleriert, wenn er mehrere Stunden des Tages im Freien verbringen kann und ausreichend Bewegung erhält. Der Labrador Retriever ist auch nur in eingeschränktem Maß ein Bürohund. Natürlich begleitet er seinen Halter gerne zur Arbeit. Ist ja immer noch besser, als alleine zu Hause zu bleiben. Aber acht Stunden ruhig im Körbchen zu liegen, das geht gar nicht. Der Labrador Retriever will auch auf der Arbeit ständig beachtet und beschäftigt werden. Ein natürlicher Kauknochen schafft da nur für kurze Zeit Abhilfe.

Da der Labrador Retriever einfach zu erziehen ist und auch einige Fehler in der Erziehung verzeiht, ist er als Anfängerhund gut geeignet. Solange seine Bedürfnisse befriedigt werden, ist er ein angenehmer und freundlicher Begleiter, der nicht aggressiv oder nervös reagiert.

# Wieso ist der Labrador Retriever als Begleithund so gut geeignet?

Der Labrador Retriever ist eine der beliebtesten Hunderassen. Wurde der Hund früher als Jagdhund sehr geschätzt, ist er heute auch ein Familien- und Begleithund. Auch in diesem Bereich ist seine Weichmäuligkeit ein besonderer Vorteil. Der Labrador ist in der Lage, Dinge aufzuheben und in seinem Maul zu tragen, ohne diese zu beschädigen. Deshalb wird die Hunderasse häufig auch als Assistenz- und Therapiehund eingesetzt. Aufgrund des ausgezeichneten Geruchssinns macht der Labrador auch als Suchhund bei der Polizei durchaus eine gute Figur.

## Was ist ein Begleithund?

Ein Begleithund muss über ein ausgeglichenes Wesen verfügen und Stress gut tolerieren. Bei dem Labrador wird der Begriff Begleithund auch als die unterste Stufe in der Ausbildung zum Assistenz- oder Therapiehund verwendet. Ein ausgebildeter Begleithund ist nicht identisch mit den Begleithunden der Gruppe 10 des FCI, zu der kleine Hunderassen zählen, die einfach in der Wohnung gehalten werden können.

Der Labrador hat als Begleithund die erste Prüfung der Ausbildung absolviert. Bei dieser Prüfung muss der Halter einen theoretischen Teil absolvieren, in dem seine Sachkunde abgefragt wird. In der praktischen Prüfung wird getestet, wie sich der Hund in alltäglichen Situationen verhält. Reagiert er auf Radfahrer oder Jogger oder bleibt er gelassen? Zur Zeit der Prüfung muss der Hund auch die Grundkommandos „Sitz!", „Platz!", „Hier!" und „Fuß!" beherrschen, ohne dabei mit einer Leine Hilfestellung zu bekommen. Die Begleithundeprüfung darf erst in einem Alter von 15 Monaten abgelegt werden.

Für die weiteren Ausbildungen müssen die Hunde genau ausgewählt werden. Nicht jeder Labrador Retriever hat auch die Fähigkeiten, die er für eine Ausbildung zum Assistenzhund benötigt. Für die weitere Ausbildung muss der Labrador bestimmte charakterliche Fähigkeiten aufweisen. Besonders wichtig ist, dass der Hund auch einen intensiven Kontakt zu Menschen schätzt und in stressigen Situationen keinerlei Anzeichen von Aggressivität zeigt.

Hat der Labrador die Prüfung zum Begleithund erfolgreich absolviert, steht ihm ab dem zweiten Lebensjahr die weitere Ausbildung zu einem Assistenzhund offen.

### Der Labrador: Ein Begleiter für das ganze Leben

Der Labrador Retriever ist nicht nur ein toller Begleithund, er ist auch ein sehr beliebter Familienhund. Geduldig und freundlich spielt er mit Kindern und kann nie genug von seiner Familie bekommen. Trotzdem sollte auch ein Labrador Retriever immer beaufsichtigt werden, wenn er mit kleinen Kindern spielt. Spitze Zähne können sonst bei dem wilden Spiel schnell zu unbeabsichtigten Verletzungen führen.

Labradore lieben ein Begrüßungsritual. Auch wenn Sie nur kurz abwesend sind, werden Sie bei der Rückkehr mit dem „Labrador Dance" empfangen. Bei der stürmischen und liebevollen Begrüßung wird der ganze Hund durchgeschüttelt – und die Rute peitsche aufgeregt von links nach rechts. Auf Gegenstände in der näheren Umgebung kann da natürlich keine Rücksicht mehr genommen werden.

Auch fremden Menschen gegenüber reagiert der Labrador Retriever sehr freundlich. Er springt gerne bei der Begrüßung an ihnen hoch, was teilweise natürlich Ärger und Unmut verursachen kann. Durch konsequente Erziehung kann dieses Verhalten einfach beseitigt werden. Problematischer ist da schon die Begegnung mit Einbrechern. Auch diese werden freundlich begrüßt. Von einem Wachhund ist keine Spur zu sehen. Vielleicht hat der Einbrecher ja sogar etwas Leckeres mitgebracht. Also erst einmal stürmisch begrüßen.

Mit seinen Artgenossen hat der Labrador normalerweise keinen Ärger. Dominantes Verhalten liegt ihm überhaupt nicht. Lieber möchte er spielen und mit anderen Hunden über die Hundewiese toben. Stürmische Begrüßungen von anderen, unbekannten Hunden können allerdings Abwehrreaktionen hervorrufen.

Obwohl der Labrador Retriever ein Jagdhund ist, verträgt er sich auch gut mit anderen Haustieren. Wichtig ist ein Kennenlernen bereits im Welpenalter. Ist das nicht möglich, muss der Hund langsam mit seinem neuen Mitbewohner bekannt gemacht werden. Freundlich, wie der Hund nun einmal ist, wird er sich bemühen, auch diesen Wunsch des Halters zu erfüllen. Nur sein stürmisches Temperament steht ihm dabei manchmal im Weg.

# Warum die Erziehung so wichtig ist?

Der Labrador Retriever ist ein sehr intelligenter, freundlicher und aufmerksamer Hund.

Trotzdem ist es im Alltag wichtig, dass er in der Lage ist, bestimmte Kommandos zu befolgen. Hat er keine richtige Ausbildung erhalten und ist dazu vielleicht auch noch unausgelastet, sucht er sich eine Beschäftigung. Der Hund beginnt ausdauernd zu bellen und baut den entstandenen Stress durch Kauen an Möbeln, Teppichen oder den Schuhen des Halters ab. Da die Hunderasse sehr intelligent und auch gelehrsam ist, kann mit der richtigen Erziehung schon in der Zeit als Welpe begonnen werden. Ob die Erziehung zu Hause, mit einem privaten Hundetrainer oder in einer Hundeschule erfolgt, ist reine Geschmackssache. Wichtig ist vor allem, dass die Erziehung ausschließlich durch positive Verstärkung erfolgt. Schreien, Beschimpfungen oder Bestrafungen sind bei einem Labrador völlig fehl am Platz. Der Hund wird sich immer bemühen, Ihren Vorstellungen zu genügen. Es braucht also keinen Druck. Ist ein Verhalten nicht erwünscht, ist es ausreichend, wenn Sie mit energischer Stimme Nein sagen.

Konditionieren Sie den Labrador Retriever schon früh auf einen Clicker, damit Sie ihn nicht ständig mit Leckerchen belohnen müssen. Die kleine Fressmaschine entwickelt sonst – trotz des quirligen Verhaltens – schnell Übergewicht.

Um im Alltag mit einem Vorzeigehund zu glänzen, müssen Sie in die Erziehung des Labradors Konsequenz und Zeit investieren. Kommandos sollten täglich geübt werden. Während der Pubertät stellt der Hund sicher Ihre Geduld auf eine harte Probe. Er wird immer wieder seine Grenzen austesten. Aber auch hier kann das unangenehme Verhalten schnell durch lobende Worte und Leckerchen beseitigt werden.

Nur ein gut erzogener Labrador Retriever ist überall willkommen und kann in allen alltäglichen Situationen treu an Ihrer Seite stehen.

## Der Labrador Retriever: Eine Hunderasse mit Potential

Der Labrador Retriever verfügt durch seine Intelligenz, Lernfähigkeit und Freundlichkeit über ein besonders großes Potenzial. Er hat die Anlagen zu einem ausgezeichneten Jagdhund, zu einem Polizeihund für die Suche nach Drogen, zu einem Begleit-, Therapie- oder einem Assistenzhund für Menschen mit Einschränkungen. Sein guter Geruchssinn kann auch dazu genutzt werden, um eine Unterzuckerung oder einen bevorstehenden epileptischen Anfall bei Menschen zu erschnüffeln. Natürlich ist nicht jeder Labrador Retriever für diese speziellen Aufgaben geeignet. Aber in jedem Hund steckt ein freundliches Wesen, das sich gerne an den Menschen anschließt und seine Familie über alles liebt.

Da der Labrador Retriever ein besonders sensibler Hund ist und sich leicht an die äußeren Lebensumstände anpassen kann, ist er als Begleithund von behinderten Menschen gerne gesehen. Schnell lernt er, seine verschiedenen Aufgaben zuverlässig zu erfüllen. Doch egal, welche Ausbildung der Labrador Retriever absolviert, ein Punkt sollte immer im Vordergrund stehen: Der Hund benötigt Freiraum und seine eigenen Bedürfnisse müssen erfüllt werden. Vor allem als Such- und Rettungshund darf er nicht überbelastet werden. Die empathischen Hunde leiden ebenso wie die menschlichen Suchkräfte unter Fehlschlägen und benötigen zwischendurch immer wieder ein Erfolgserlebnis.

In der Jagd wird der Labrador Retriever heute nicht mehr so häufig eingesetzt wie in früheren Jahren. Dabei kann er gerade durch das Erschnüffeln von Spuren seine natürlichen Fähigkeiten gut ausleben. Einen guten Ersatz für die Jagd bietet das Dummy-Training, das auch einen Labrador Retriever, der in der Stadt lebt, zu einem glücklichen und ausgelasteten Hund macht.

Anders als viele andere Hunderassen ist der Labrador Retriever ein sehr vielseitiger Hund mit vielen herausragenden Fähigkeiten. Genau diese Eigenschaften haben ihm dazu verholfen, zu einem der beliebtesten Begleithunde auf der ganzen Welt zu werden.

# Grundlagen für die Anschaffung und Haltung eines Labrador Retrievers

Sie haben sich in die Hunderasse Labrador Retriever verliebt und wollen einem Hund ein Zuhause geben? In den folgenden Kapiteln finden Sie alle Informationen, die Sie benötigen, um einen gesunden und charakterfesten Hund zu erhalten.

## Sorgenfreie Anschaffung

Da auch bei der Hunderasse Labrador verschiedene Erbkrankheiten gehäuft auftreten, ist es besonders wichtig, einen Hund von einem seriösen Züchter zu kaufen. Vor der Zulassung zur Zucht müssen die Elternhunde sich verschiedenen Untersuchungen unterziehen. Dadurch kann die Vererbung von Krankheiten weitgehend ausgeschlossen werden. Kaufen Sie den Labrador Retriever nicht aus dem Internet oder einem Kofferraum. Die Hunde stammen meistens aus Vermehrungsstationen und werden unter sehr schlechten Bedingungen gehalten. Von einer guten Prägung und Sozialisierung ist bei dieser Haltungsform natürlich nicht die Rede. Es geht ausschließlich um den Gewinn und nicht darum, körperlich und psychisch gesunde Hunde zu züchten.

## Wo findet man seriöse Hundezüchter?

Meistens ist es nicht so leicht, einen seriösen Züchter von einem unseriösen zu unterscheiden. Manchmal werden Deckungen nicht angemeldet, weil die Elterntiere die Voraussetzungen nicht erfüllen. Oder der Züchter ist gar nicht bei dem Internationalen Kynologenverband FCI eingetragen.

Damit Sie vor dem Kauf des Hundes die größtmögliche Sicherheit haben, einen gesunden Hund zu erhalten, sollten Sie sich an den FCI beziehungsweise die jeweiligen Landesverbände wenden, die diese Hunderasse vertreten.

Labradorzüchterlisten für Deutschland, Österreich und die Schweiz finden Sie zum Beispiel unter: https://www.labradorseite.de/labrador-zuechter/

Oder Sie wenden sich direkt an den Kynologenverband FCI:

- Verband für Deutsches Hundewesen: https://www.vdh.de/home/
- Österreichischer Kynologenverband: https://oekv.at/de/
- Schweizerische Kynologische Gesellschaft: https://www.skg.ch/

Hier finden Sie eine Liste seriöser Labrador-Züchter und können sich auch über die Verfügbarkeit von Welpen und die Anmeldung für einen Kauf des Hundes informieren.

Sie möchten einen Labrador Retriever aufnehmen, bevorzugen aber einen älteren Hund, der ein neues Zuhause sucht? Dann können Ihnen folgende Organisationen weiterhelfen:

- https://www.labradorseite.de/labrador-in-not/
- https://tierschutzliga.de/labrador-in-not-vermittlung-tierheim/
- https://www.retriever-in-not.de/startseite.html

Erkundigen Sie sich doch auch in einem Tierheim in Ihrer Nähe, ob vielleicht ein Labrador Retriever zu vergeben ist.

**Wie erkennen Sie einen seriösen Züchter?**

Für einen guten und seriösen Züchter ist nicht nur der internationale Rassestandard des Labrador Retrievers von Bedeutung. Er achtet auch auf die Gesundheit, den Charakter und die Sozialisierung des Hundes. Die Welpen werden tierärztlich untersucht und erhalten noch bei dem Züchter die ersten Impfungen und Entwurmungen. Vor der Abgabe wird der Hund gechipt. Die Chipnummer wird in dem Impfpass festgehalten.

Damit der Welpe einen sicheren Charakter entwickeln kann, wird er erst mit zwölf Wochen von seiner Mutter und den Geschwistern getrennt. Selbstverständlich sind vorher Besuche möglich, damit Sie Ihren Welpen schon besser kennenlernen können. Ein seriöser Züchter achtet aber nicht nur darauf, dass der Welpe ein festes Wesen entwickelt. Er unterstützt die Entwicklung der individuellen Persönlichkeit des Hundes und fördert schon von Geburt an erwünschte Vorlieben.

Generell verkauft ein Züchter nur Hunde, bei denen keine Probleme mit der Gesundheit aufgetreten sind. Er legt Ihnen alle Untersuchungsergebnisse der Elterntiere offen.

Bei einem Besuch können Sie immer auch die Mutterhündin kennenlernen. Sie sehen, unter welchen Umständen der kleine Hund aufwächst.

Ein seriöser Züchter konzentriert sich auf die Zucht einer Hunderasse. Er hat nicht mehrere Welpen von verschiedenen Rassen in seiner Wohnung.

Aber nicht jeder Käufer, der sich einen Labrador-Welpen wünscht, erhält auch einen. Der Züchter interessiert sich für die zukünftigen Lebensumstände des Welpen. Er überprüft, ob Sie für diese Rasse als Halter geeignet sind, und erkundigt sich auch nach dem Umzug immer wieder nach dem Welpen. Sollten Sie mit der Haltung des Labrador Retrievers doch überfordert sein, können Sie sich immer mit Fragen an den Züchter wenden. Generell besteht auch die Möglichkeit, den Hund wieder an den Züchter zurückzugeben.

Bereits vor dem Kauf des Hundes erhalten Sie von einem seriösen Züchter Informationen über das Futter, an das der Welpe gewöhnt ist, und über seine persönlichen Vorlieben und Abneigungen.

Der Kauf wird immer mit einem schriftlichen Kaufvertrag besiegelt. Sie erhalten zu diesem Zeitpunkt auch Zucht- und Tierarzt-Papiere. Vor der Übergabe des Welpen findet noch eine abschließende tierärztliche Untersuchung statt.

In dem Kaufvertrag werden alle Rechte und Pflichten von Käufer und Verkäufer niedergeschrieben. Der Züchter hat die Möglichkeit, ein Besuchsrecht einzutragen, damit er sich überzeugen kann, dass es dem Welpen gut geht. Bei einem Weiterverkauf des Hundes behält sich der Züchter meistens ein Erstkaufrecht vor. Das Gleiche gilt, wenn der Hund später für die Zucht eingesetzt wird. Der Züchter erhält ein Erstkaufrecht für eine bestimmte Anzahl der Welpen.

## Was passt besser zu Ihnen: ein Rüde oder eine Hündin?

Zwischen einem Rüden und einer Hündin bestehen bei dem Labrador Retriever keine sehr großen Unterschiede. Die Hündinnen sind etwas leichter und kleiner gebaut. Beide Geschlechter besitzen ein sanftes Wesen und schmusen gerne. Hündinnen können zeitweise etwas härter reagieren als Rüden. Sie müssen ja schließlich auch einige Arbeit bei der Erziehung der Welpen leisten.

Hündinnen werden jedes Jahr zweimal läufig. In dieser Zeit erfolgt auch eine hormonelle Umstellung, die das Verhalten beeinflusst. Eventuell reagiert die Hündin während der Läufigkeit ungeduldiger auf Artgenossen. Sie ist gereizt und rauflustig, legt aber gleichzeitig eine besondere Anhänglichkeit an den Tag. Die Hündin sollte in dieser Zeit auf alle Fälle an der Leine geführt werden.

Bei Rüden ist ein starker Geschlechtstrieb zu erkennen. Befindet sich eine läufige Hündin in der Nähe, versucht er durchaus einmal, seinen Willen durchzusetzen. Ohne Leine wird er einfach davonstürmen, um seinem Geschlechtstrieb nachzugeben. Manche Rüden kratzen an den Türen oder entwickeln depressive Verstimmungen, wenn ihnen das Zusammentreffen mit der läufigen Hündin verweigert wird. Das kann sogar so weit gehen, dass die kleine Fressmaschine das angebotene Futter vollständig verweigert und nur mehr depressiv in einer Ecke liegt.

Durch eine Kastration des Labradors kann sein Wesen nur geringgradig beeinflusst werden. Natürlich ist der Geschlechtstrieb nicht mehr vorhanden. Aber Hunde, die schon vorher nicht sozial verträglich waren, ändern ihr Verhalten auch nicht nach der Kastration. Hier sollte der Schwerpunkt mehr auf der Erziehung mithilfe eines erfahrenen Hundetrainers liegen.

Lernen Sie die Welpen beim Züchter doch einfach kennen und informieren Sie sich umfangreich über deren Charakter. Lassen Sie im Endeffekt Ihr Bauchgefühl entscheiden, ob Sie einen Rüden oder eine Hündin auswählen. Außerdem sollten Sie immer darauf achten, dass Sie dem Hund sympathisch sind. Ein Welpe, der von Anfang an vor Ihnen zurückweicht, ist sicher nicht der geeignete Hund für Sie und Ihre Familie.

# Artgerechte Haltung

Auch wenn die Haltung des Labrador Retrievers nicht besonders kompliziert ist, sollten Sie jedoch einige Punkte beachten, damit sich der Hund bei Ihnen wohlfühlt. Ist genügend Platz für Bewegung und Auslauf vorhanden, gestaltet sich die restliche Haltung sehr einfach. Solange der Labrador Retriever genügend Gelegenheiten hat, seine aufgestaute Energie mit weiten Spaziergängen abzubauen, ist alles in Ordnung. Ist das allerdings nicht möglich, können Probleme auftreten. Der Labrador Retriever muss eben täglich richtig ausgepowert werden. Im Idealfall befindet sich auf dem Spazierweg auch ein Bach oder ein kleiner Teich, in dem der Hund nach Lust und Laune planschen kann.

Für den Labrador Retriever sind nicht Menschen geeignet, die gerne viel Zeit in der Wohnung verbringen. Der Hund möchte hinaus in die Natur – und laufen, laufen, laufen.

Zusätzlich ist es sehr wichtig, dass Sie den Labrador Retriever auch geistig ständig fordern. Gehen Sie zum Dog Dancing oder betreiben Sie Hundesport, wie zum Beispiel Obedience. Viele Hundeschulen bieten auch Kurse für die Nasenarbeit oder Man Trailing an.

## Wie viel Auslauf benötigt der Labrador Retriever?

Die Länge des Spazierganges richtet sich nach dem Alter und dem gesundheitlichen Zustand des Hundes. Welpen müssen erst die Umgebung ihrer neuen Wohnung entdecken. Alles ist neu und die kleinen Hunde sind schnell von den Eindrücken überfordert.

Ein Spaziergang mit einem Welpen sollte daher immer nur wenige Minuten dauern. Der Welpe wird zwar immer wieder zeigen, dass er noch Lust darauf hat, weiterzugehen. Er kann seinen Körper noch nicht kontrollieren und einschätzen. Seine Muskeln und das Skelettsystem sind erst dabei, sich zu entwickeln. Setzen Sie als Halter daher Grenzen und legen Sie die Länge der Spaziergänge vorher fest. Wird der Labrador Retriever zu früh großen Belastungen, wie langen Läufen oder hohen Sprüngen, ausgesetzt, kommt es zu einer Schädigung der Gelenke. Lebenslange Schmerzen sind die Folge.

Durchschnittlich wird ein Spaziergang für einen Welpen folgendermaßen berechnet: Für jedes Lebensmonat werden fünf Minuten Spaziergang gerechnet. Die Gesamtsumme muss über den ganzen Tag aufgeteilt werden. Ein Beispiel: Ein acht Wochen alter Labrador-Welpe sollte 10 Minuten über den Tag verteilt spazieren gehen. Im Alter von zehn Monaten sind es bereits fünfzig Minuten.

Je älter der Hund wird, umso länger dürfen die Gassirunden ausfallen. Ab dem ersten Lebensjahr ist der Hund fast vollständig ausgewachsen. Jetzt können Sie auch längere Runden einplanen und große Abenteuer unternehmen. Spaziergänge sollten mindestens 20 bis 30 Minuten lang sein, können aber mit Pausen auch auf eine längere Zeit ausgedehnt werden. Nach einem langen Spaziergang ist der Hund so richtig ausgepowert. Er schläft sofort in seinem Körbchen ein. Natürlich wacht er sofort auf, wenn die Fütterung ansteht.

## Welches Futter ist das Richtige?

Dem Labrador ist die Art des Futters egal, Hauptsache es ist eine große Menge. Die Fressmaschine wird ihrem Ruf als Allesfresser vollkommen gerecht. Das heißt aber nicht, dass Sie dem Labrador Retriever auch alles füttern sollten. Sie sollten auch nicht unbedingt die Sichtweise des Labradors teilen: Hauptsache der Futternapf ist randvoll. Sonst entwickelt Ihr Hund schnell Übergewicht. Mit dem richtigen Futter ermöglichen Sie Ihrem Hund ein langes und gesundes Hundeleben.

### Fütterung des Labrador-Welpen

Hier können Sie sich an die Informationen des Züchters halten. Der kleine Hund sollte in den ersten Wochen das Futter erhalten, das auch der Züchter gefüttert hat. Sollten Sie zu einem späteren Zeitpunkt ein anderes Futter bevorzugen, können Sie langsam einen Futterwechsel durchführen.

### Folgendes Futter ist für den Welpen geeignet:

- Welpen Trockenfutter
- Welpen Nassfutter
- selbstgekochtes Futter
- Barf-Rationen für Welpen

Wichtig ist, dass der Welpe in seinem Futter alle notwendigen Nährstoffe vorfindet und die Energie erhält, die er für die Bewältigung des Alltags benötigt. Zu viel Energie, Vitamine und Mineralstoffe sind ebenso schädlich wie zu geringe Mengen.

Für Welpen muss die Barf-Ration genau berechnet werden. Wenn Sie noch keine Erfahrung mit dem Barfen von Hunden haben, sollten Sie bei dieser Form der Fütterung vorsichtig sein. Eine Möglichkeit besteht allerdings darin, fertige Barf-Rationen für Welpen im Tierfachhandel zu kaufen. Hier können Sie sich auch über die genaue Zusammensetzung beraten lassen.

Bei Trockenfutter sollte die Entscheidung nicht von dem Preis des Futters abhängen. Achten Sie auf den Fleischanteil und eine möglichst natürliche Zusammensetzung. Das Trockenfutter muss nicht unter allen Umständen getreidefrei sein. Hunde haben bereits so viele Jahre mit Menschen zusammengelebt, dass es ihnen gelungen ist, ein Gen zur Verwertung von Getreide zu entwickeln. Zucker oder Salz haben im Hundefutter nichts verloren.

Die Futtermenge, die der Welpe pro Tag benötigt, ist auf den Packungen angegeben. Dabei bestehen aber individuelle Unterschiede. Ist der Welpe sehr aktiv, benötigt er mehr Futter als ein Hundewelpe, der eher inaktiv ist.

Die Fütterung sollte viermal, ab dem fünften Monat dreimal pro Tag erfolgen.

### Fütterung des ausgewachsenen Labrador Retrievers

Mit neun Monaten ist das Wachstum des Labrador Retrievers abgeschlossen. Die Milchzähne sind verschwunden, alle bleibenden Zähne sind durchgebrochen. Die Wachstumsfugen schließen sich. Jetzt benötigt der Hund nicht mehr zusätzliche Energie für sein Wachstum. Er sollte auf ein Futter umgestellt werden, das seinen Erhaltungsbedarf deckt. Die Fütterung wird auf zweimal pro Tag umgestellt. Verwenden Sie für die Fütterung Hundefutter, das einen hohen Anteil an Fleisch enthält. Dadurch wird auch ein Labrador schneller und länger satt. Leckerchen müssen unbedingt in die gesamte Futterration eingerechnet werden, damit der Hund kein Übergewicht entwickelt. Das Futter darf auch nicht rund um die Uhr zur Verfügung stehen. Der Hund soll ja schließlich nicht zum Dauerfresser werden, der sich ständig an der Schüssel bedient. Feste Fütterungszeiten strukturieren den Tagesablauf und bilden für den Labrador immer einen Höhepunkt im Alltag.

Durchschnittlich benötigt ein Labrador mit 25 Kilogramm Körpergewicht ungefähr 300 Gramm Futter pro Tag, ein 40 Kilogramm schwerer Hund benötigt 400 Gramm Futter. Ist der Hund in seiner Bewegung durch sein Alter oder eine Krankheit eingeschränkt, muss die Futterration immer an die derzeitigen Umstände angepasst werden.

Ob Sie Trockenfutter oder Nassfutter verwenden, liegt an den Vorlieben des Hundes. Im Nassfutter sind die Geruchsstoffe gelöst, deswegen riecht es attraktiver. Frisst der Hund mehr Trockenfutter, benötigt er anschließend an die Mahlzeit eine größere Menge frisches Wasser. Das Futter quillt im Magen auf und kann so besser verdaut werden. Kontrollieren Sie die Inhaltsstoffe des Futters: Fleisch sollte immer an erster Stelle der Zutatenliste stehen. Ein gutes Trockenfutter für einen Labrador Retriever sollte immer Inhaltsstoffe enthalten, die die Gesundheit der Gelenke fördern. Dazu gehören Grünlippenmuschel, Chondroitinsulfat und Glukosamine. Ein ausgewogener Anteil an Ballaststoffen unterstützt das Gleichgewicht des Mikrobioms, der Darmbakterien im Verdauungstrakt.

## Welche Leckerchen sind gesund?

Sie sollten immer den natürlichen Leckerchen den Vorzug geben. Ein luftgetrockneter Kauknochen, ein Stück getrocknete Rinderhaut, ein Schweineohr, Lungen- oder Leberstücke werden von dem Hund sicher gerne angenommen. Sie schmecken nicht nur gut, sondern befriedigen auch das Kaubedürfnis des Hundes. Zuckerhaltige Leckerchen sind ungesund und führen zu Übergewicht. Probieren Sie doch einmal aus, welches Obst Ihrem Labrador Retriever gut schmeckt. Ein Stück Apfel, Melone, Erdbeeren oder Himbeeren sind eine willkommene Abwechslung auf dem Speiseplan und haben kaum Kalorien.

Sie können auch Käsestücke als Belohnung einsetzen. Verwenden Sie mageren Käse, der keine Laktose mehr enthält. Achten Sie auf den Salzgehalt von Schnittkäse.

**Was der Labrador nicht fressen sollte:**

- Essensreste vom Tisch
- stark gewürzte Speisen
- rohes Schweinefleisch
- Zwiebeln
- Knoblauch
- Schokolade
- Kaffee
- Avocados
- Weintrauben

## Die Grundausstattung

Bevor der Labrador-Welpe bei Ihnen einzieht, benötigen Sie eine Grundausstattung. Dazu gehören:

- Futternapf
- Wasserschüssel
- Halsband
- Brustgeschirr
- lange und kurze Leine
- Liegeplatz
- Decke
- Transporter oder andere Absicherung für Autofahrten
- Spielzeug für Welpen
- Futter
- weiche Bürste zur Fellpflege

Die Futter- und Wasserschüssel sollte leicht zu reinigen sein. Schlingt Ihr Hund das Futter schnell hinunter, besteht die Gefahr, dass er erbricht. In diesem Fall benötigen Sie einen Anti-Schling-Napf.

Das Spielzeug sollte weich und für die Milchzähne eines Welpen geeignet sein. Normale Tennisbälle sind mit Glasfasern überzogen und schädigen die Zähne des Hundes. Achten Sie immer auf die Größe des Spielzeugs, damit der Welpe es nicht verschlucken kann.

Zusätzliche Dinge, die der Labrador Retriever benötigt:

- Leckerchen
- Belohnungssnacks für das Training
- Clicker
- Intelligenzspielzeug

# Check-up und alles rund um die Gesundheit

Zur Vorbeugung gegen Infektionskrankheiten benötigt der Labrador Retriever einige Impfungen. Die ersten Impfungen erhält der Welpe bereits bei dem Züchter. Abhängig vom Alter, in dem Sie den Hund übernehmen, sind noch weitere Impfungen erforderlich. Bei der Übergabe des Hundes erhalten Sie den Impfpass, in dem auch die Chipnummer eingetragen ist.

**Registrierung des Chips:**

Der Chip dient der Identifizierung des Hundes. Auf ihm ist eine Länderkennzahl und eine Nummer vermerkt. Geht der Hund einmal verloren, kann die Chipnummer mit einem Lesegerät ausgelesen werden und Sie erhalten eine Verständigung. Damit Ihre Daten mit dem Chip in Verbindung gebracht werden können, müssen Sie den Chip in einer Datenbank eintragen.

**Impfungen:**

Bei den Impfungen wird zwischen Core-Impfungen, die der Hund unbedingt erhalten sollte, und Non-Core-Impfungen, die abhängig vom Risiko verabreicht werden, unterschieden.

Zu den Core-Impfungen zählen:

- Staupe
- Hepatitis contagiosa canis: virale Leberentzündung
- Leptospirose
- Parvovirose
- Tollwut

Zu den Non-Core-Impfungen gehören:

- Zwingerhusten
- Parainfluenza
- Babesiose
- Leishmaniose

Informationen darüber, welche Non-Core-Impfungen Ihr Labrador benötigt, erhalten Sie bei Ihrem Tierarzt.

Im ersten Jahr wird der Labrador Retriever grundimmunisiert, das bedeutet, dass die Impfungen zweimal bis dreimal im Abstand von bis zu vier Wochen verabreicht werden. Anschließend erfolgt immer wieder eine Auffrischung der Impfung in Abstand von ein bis drei Jahren.

Wenn Sie mit Ihrem Hund gemeinsam in den Urlaub fahren, sollten die Impfungen immer aktuell sein, damit er sich nicht im Urlaubsland anstecken kann. Reisen Sie mit Ihrem Labrador Retriever ins Ausland, benötigen Sie eine Tollwutimpfung, die mindestens 21 Tage alt ist. Die Impfung muss in einen EU-Heimtierausweis eingetragen sein.

**Entwurmung:**

Anthelminthika, Medikamente, die zur Behandlung eines Wurmbefalls eingesetzt werden, wirken nicht vorbeugend. Trotzdem wird eine Entwurmung des Hundes alle drei Monate empfohlen, damit eine hohe Wahrscheinlichkeit besteht, dass sich die Würmer nicht im Verdauungstrakt ansiedeln. Alternativ zu der regelmäßigen Entwurmung können Kotuntersuchungen durchgeführt werden, um die Eier der Parasiten im Kot des Hundes nachzuweisen. Sie können Ihren Hund mit

Tabletten oder Spot-on Präparaten, die Sie in der Apotheke oder bei Ihrem Tierarzt erhalten, behandeln.

Unterstützend können Sie natürliche Substanzen wie Karotten, Kokosöl oder Kräuterpräparate verwenden, um einem Wurmbefall vorzubeugen.

**Behandlungen gegen Ektoparasiten:**

Ebenso wichtig wie Entwurmungen sind vorbeugende Behandlungen gegen Flöhe, Zecken und Stechmücken. Die Parasiten verursachen nicht nur einen lästigen Juckreiz. Sie übertragen auch zahlreiche Krankheiten wie Babesiose, Leishmaniose oder Parasiten wie Lungenwürmer. Die Präparate können als Spot-on oder in Form von Tabletten angewendet werden.

**Der Senior Check-up:**

Wird der Labrador Retriever älter, sollte in regelmäßigen Abständen ein Check-up bei einem Tierarzt durchgeführt werden. Abhängig von der Fellfarbe des Labrador Retrievers sind diese Untersuchungen ab einem Alter von sechs Jahren notwendig. Der Tierarzt untersucht den Hund, kontrolliert die Zähne und nimmt eine Blutprobe. Im Labor wird anhand der Blutwerte die Funktion der wichtigsten Organe wie Leber und Niere überprüft. Da der Labrador Retriever zu einer Unterfunktion der Schilddrüse neigt, werden auch die Schilddrüsenparameter bei der Blutuntersuchung kontrolliert. Mithilfe einer Ultraschalluntersuchung kann der Tierarzt erkennen, ob das Herz des Labradors ordnungsgemäß funktioniert.

Jährliche Vorsorgeuntersuchungen sind für einen alternden Hund sehr wichtig. Eventuelle Erkrankungen können so frühzeitig erkannt und behandelt werden.

## Muss der Labrador Retriever bei jeder Erkrankung sofort einem Tierarzt vorgestellt werden?

Natürlich ist es nicht immer notwendig, dass der Hund immer sofort zu einem Tierarzt gebracht wird. Jeder Hund leidet manchmal für ein oder zwei Tage an Durchfall oder erbricht vielleicht einmal. Ist das sonstige Allgemeinbefinden nicht verändert, das bedeutet, der Labrador ist munter und verspielt, können Sie auch einmal eine Behandlung mit Hausmitteln versuchen. Stellt sich allerdings keine Besserung innerhalb der nächsten Tage ein oder leidet der Hund an Fieber, sollten Sie immer einen Tierarzt aufsuchen.

Durchfall kann zum Beispiel auftreten, wenn der Hund gestresst und überanstrengt war oder bei einem Spaziergang irgendetwas Unverdauliches gefressen hat. Probieren Sie in diesem Fall doch einmal eine Behandlung mit der Moro´schen Karottensuppe. Bio-Karotten werden mit reichlich Wasser mindestens eine Stunde lang gekocht. Dabei bildet sich ein Glykoprotein, das beruhigend auf den Darmtrakt wirkt. Füttern Sie die Karottensuppe ein oder zwei Tage und geben Sie Ihrem Labrador anschließend eine leichte Diät aus magerem Hühnerfleisch und Reis. Einige Hunde bevorzugen auch mageren Hüttenkäse.

## Auch Hunde brauchen eine Hausapotheke:

Damit Sie kleine Verletzungen des Labradors selber behandeln können, sollten Sie für Ihren Hund eine Hausapotheke besitzen. In dieser sind eine Zeckenzange, eine Pinzette, Verbandwatte, blutstillende Watte, ein Verband, Augentropfen, eine Schere, ein Desinfektionsmittel und Wundsalbe enthalten. Tierkohle-Tabletten sind als Erste-Hilfe-Maßnahme bei Vergiftungen notwendig. Eine wärmende Rettungsdecke schützt den Hund in einem Schockzustand. Über die für Ihren Hund notwendige Zusammensetzung erhalten Sie Informationen bei Ihrem Tierarzt.

### Darf der Labrador Retriever Medikamente aus Ihrem Bestand erhalten?

Medikamente für Menschen sind für Hunde meistens nicht verträglich. Viele Medikamente schaden dem Hund sogar. Das gilt auch für Schmerzmittel oder Medikamente zur Behandlung von Herzerkrankungen. Für Hunde wurden eigene Medikamente von den Pharmafirmen entwickelt, die genau an den Stoffwechsel der Hunde angepasst sind. Verwahren Sie Ihre Medikamente stets so, dass der Hund diese nicht irrtümlich fressen kann. Sollte es doch einmal passieren, lassen Sie den Labrador sofort von einem Tierarzt untersuchen, um eine Vergiftung und darauf folgende Organschäden auszuschließen.

# Die richtige Erziehung und Förderung eines Labradors

Ein Labrador Retriever kommt nicht als der perfekte Begleithund auf die Welt. Der Welpe muss die Welt erst kennenlernen und sich in ihr zurechtfinden. Damit er in allen Situationen der perfekte Begleithund ist, benötigt der Labrador eine konsequente und liebevolle Erziehung. Ohne diese Erziehung besitzen Sie einen Hund, der Ihren Anordnungen nur dann folgt, wenn er das für sinnvoll erachtet. Da ist der Ärger mit anderen Menschen sicher vorprogrammiert.

Aber die Erziehung des Labradors stellt seinen Halter auch vor eine große Herausforderung. Ein süßer Blick, überschwängliche Freude – und schon schmilzt jedes Herz dahin. Wie kann man da auch böse sein? Damit Sie die Erziehungsaufgaben leichter bewältigen können, sollten Sie sich noch einmal die wichtigsten Eigenschaften des Labrador Retrievers vor Augen halten:

- Der Labrador Retriever freut sich überschwänglich über alles. Dadurch fällt es schwer, Nein zu sagen.
- Der Hund ist niedlich, süß und freundlich. Wie kann man da etwas schlecht finden?
- Der Labrador ist aufmerksam, intelligent und gelehrig. Er arbeitet gerne.
- Der Labrador Retriever ist knuffig. Auch die Sympathien fremder Leute sind ihm sicher. Trotzdem dürfen Sie nicht alles durchgehen lassen.

- Auch wenn der Welpe noch so süß ist: In einigen Monaten ist der Hund erwachsen. Und wer möchte schon von einem 30 Kilogramm schweren Hund auf der Straße angesprungen werden.
- Mit einem Leckerchen kann alles erreicht werden.
- Einen Vorzeigehund erreicht man nur durch gemeinsame harte Arbeit.
- Die gelehrigen Hund lernen Kommandos sehr schnell. Trotzdem sollten Sie sich genügend Zeit für Wiederholungen nehmen und nicht gleich zum nächsten Kommando übergehen. Der Hund ist sonst überfordert.

# Die Basiserziehung

Welpen benötigen für ihre Entwicklung eine Bezugsperson, auf die sie sich verlassen können. In den ersten Lebenswochen wird diese Funktion von der Mutterhündin erfüllt. Nach dem Umzug in eine neue Familie muss das durch die Trennung von der Mutter entstandene Vakuum durch den Halter ausgefüllt werden. Dieser Mensch muss gelernt haben, seinen Hund zu verstehen, damit sich eine Beziehung, die auf Vertrauen und Respekt beruht, aufbauen kann. Die Basiserziehung dient vor allem dazu, dass aus Ihnen und dem Welpen ein gut eingespieltes Team wird, das die gleiche Sprache spricht.

Bei der Basiserziehung lernt Ihr Hund die Grundkommandos in Wortform und als Handzeichen kennen. Der Labrador-Welpe hört und sieht Ihre Kommandos. Er weiß, was Sie von ihm erwarten, und wird sich bemühen, Ihre Wünsche bestmöglich zu erfüllen. Reagiert der kleine Hund allerdings nicht sofort, sollten Sie den Befehl nicht mehrmals wiederholen. Warten Sie einfach ab. Verändern Sie die Situation nicht und zeigen Sie dem Welpen, dass er erst den Befehl ausführen muss. Gehorcht der Hund, erfolgt sofort das Lob. Die Spannung der Situation löst sich durch einen Clicker, ein Leckerchen oder Streicheleinheiten schnell auf.

Auch wenn durch das Lob der Welpe und Sie sehr motiviert sind, die Übung noch einmal durchzuführen, sollten Sie das nicht tun. Kleine Hunde haben nur eine Aufmerksamkeitsspanne von wenigen Sekunden. Eine Wiederholung der Übung wird wahrscheinlich in einem Misserfolg enden und das zuvor Erreichte wieder zunichtemachen.

Der wichtigste Punkt der Basiserziehung ist der Aufbau von Vertrauen. Bevor Sie mit dem Üben der ersten Kommandos beginnen, sollte der kleine Hund seinen Namen kennen und bereits eine Bindung aufgebaut haben.

Um zwischen Ihnen eine vertrauensvolle Atmosphäre entstehen zu lassen, sollten Sie sich auf Augenhöhe mit dem Welpen begeben. Denken Sie immer daran: Für den kleinen Hund wirken Sie wie ein Riese. Setzen Sie sich zu dem Welpen auf den Boden. Nehmen Sie ein Leckerchen in die Hand und sprechen Sie den Namen des Hundes aus. Sie haben den Welpen beim Züchter abgeholt, noch besser, bereits vor der Abgabe mehrmals besucht. Der Welpe kennt Sie also schon und wird Sie in der fremden Umgebung als vertrauensvollen Anker sehen. Er sucht Ihre Nähe. Sobald der Welpe neben Ihnen steht, sagen Sie noch einmal seinen Namen und geben ihm das Leckerchen.

Damit sich der Welpe an den neuen Namen gewöhnt, können Sie diesen auch in jedes Wortlob einbinden.

### Helfen Sie dem Welpen, Vertrauen aufzubauen

Wecken Sie den Welpen nicht, sondern warten Sie, bis er aktiv ist. Setzen Sie sich zu dem kleinen Hund auf den Boden und zeigen Sie ihm ein Leckerchen. Er wird schnell zu Ihnen laufen, um das Futter zu bekommen. Nehmen Sie die Hand mit dem Leckerchen hinter den Rücken und sagen Sie den Namen des Welpen. Sobald Sie der Labrador anschaut, geben Sie ihm die Belohnung. Für das leckere Futter wird der Labrador-Welpe alles tun. Er wird sogar nach einigem Training gelernt haben, Ihnen direkt in die Augen zu schauen.

Ein direkter Blickkontakt ist in der Hundewelt eigentlich nicht vorgesehen. Hunde wenden normalerweise höflich den Kopf ab und schauen an dem Artgenossen vorbei. Ein direkter Blickkontakt und ein Starren in die Augen des Gegenübers wird vermieden, da dieses Verhalten als Herausforderung und Drohung gilt. Um ihnen direkt in die Augen zu schauen, muss der Labrador-Welpe lernen, dass ihm auch durch dieses unhöfliche Verhalten keine schlimmen Konsequenzen drohen. Im Gegenteil: Wenn er Ihnen vertraut und in Ihre Augen schaut, wird er sogar noch belohnt. Mit jeder Wiederholung dieses Trainings wird die Vertrauensbasis zwischen Ihnen und dem Welpen stabiler und belastbarer.

## Das Gänsemarsch-Training

Haben Sie schon einmal Welpen und ihre Mutter beobachtet? Sie laufen häufig in einer Reihe. Jeder Welpe berührt mit seiner Schnauze den Schwanz der vor ihm laufenden Welpen. Dabei handelt es sich um ein völlig normales Verhalten. Die kleinen Hunde fühlen sich in der unbekannten Umgebung noch unsicher und bauen durch den direkten Kontakt mit den Geschwistern und der Mutter ein Gefühl der Sicherheit auf.

In der Wohnung ersetzen Sie dem Labrador-Welpen die Mutter. Er wird Ihnen auf Schritt und Tritt folgen, weil er Angst hat, allein zurückzubleiben. Nutzen Sie dieses Verhalten, um das Vertrauen des Welpen zu stärken. Belohnen Sie ihn, wenn er in den ersten Tagen ständig hinter Ihnen herläuft. Nach zwei bis drei Wochen können Sie beginnen, den Welpen in kleinen Schritten daran zu gewöhnen, kurze Zeit alleine zu bleiben. Zu diesem Zeitpunkt hat er sich bereits eingewöhnt. Er lernt, dass Sie immer wieder zurückkommen.

Welche Fehler häufig in der Basiserziehung gemacht werden:

### Die Kommandos sind nicht eindeutig

Die Körpersprache und die Stimmlage müssen immer zueinander passen. Befehle erfolgen in einer knappen, tiefen Sprache. Lob ist immer enthusiastisch. Nutzen Sie dafür eine hohe Stimmlage und bewegen Sie die Arme überschwänglich.

### Die Kommandos sind zu lang

Der Labrador Retriever ist noch nicht in der Lage, sich lange zu konzentrieren. Er kennt die Kommandoworte nicht. Lange Sätze stiften während des Trainings nur Verwirrung. Der Welpe versteht nicht, was Sie beabsichtigen. Kommandos sollten immer nur aus ein bis zwei Worten bestehen.

### Das Training dauert zu lange

Der Welpe ist nicht in der Lage, sich mehr als ein bis zwei Minuten zu konzentrieren. Es bringt überhaupt nichts, über einen längeren Zeitraum hinweg zu üben. Damit verursachen Sie nur Stress. Der Welpe kann nicht mehr lernen und hat auch keinen Spaß an dem Training. Beim nächsten Mal verweigert er vielleicht oder beachtet die Kommandos nicht mehr.

### Der Labrador Retriever Welpe ist überfordert

Beginnen Sie immer nur mit dem Training von einem Kommando. Damit der Befehl im Gehirn wirklich sitzt, müssen mehr als 1.000 Wiederholungen durchgeführt werden. Seien Sie geduldig! Starten Sie erst dann mit einer neuen Übung, wenn der Welpe den ersten Befehl beherrscht und problemlos in jeder Situation ausführen kann.

## Der Welpe ist während des Trainings zu abgelenkt

Die Basiserziehung sollte immer zuerst in der Wohnung stattfinden. Hier haben Sie die Möglichkeit, das Training in einer ruhigen und entspannten Atmosphäre durchzuführen. Während des Spaziergangs ist der Labrador-Welpe vor allem daran interessiert, seine Umgebung zu erkunden und neue Freundschaften mit Artgenossen zu schließen. Er kann sich nicht auch noch auf das Training konzentrieren.

## Sie setzen häufig ein sinnloses Lob ein

Der Labrador-Welpe sollte von Ihnen nur dann gelobt werden, wenn er eine Anordnung ausgeführt oder ein erwünschtes Verhalten gezeigt hat. Auch wenn der Welpe noch so süß ist, loben Sie ihn nicht ständig. Sonst erwartet er immer wieder Lob, ohne etwas dafür tun zu müssen. Das Lob hat sich als Instrument zur Erziehung abgenutzt. Ist ein Verhalten selbstverständlich, sollte der Welpe nicht dafür gelobt werden. Das Lob muss immer etwas Besonderes bleiben.

Ähnlich verhält es sich damit, wenn der Welpe ein unerwünschtes Verhalten nicht ausführt. Dazu gehört zum Beispiel, dass der Hund fremde Personen nicht verbellt oder nicht mehr an der Leine zieht. Sie wollen diesen Umstand loben? Dann setzen Sie doch den Befehl für das erwünschte Verhalten ein und loben Sie den Hund anschließend.

## Der Tadel kann von dem Labrador-Welpen nicht nachvollzogen werden

Ihr Welpe führt das Kommando zwar aus, aber er lässt sich bis zum Endergebnis durch irgendetwas ablenken. Jetzt ist kein Tadel mit einem Nein, sondern eine Korrektur des Verhaltens erforderlich. Loben Sie den Hund nicht, sondern veranstalten Sie einfach einige Zwischenübungen, von denen Ihnen bekannt ist, dass der Hund diese beherrscht. Jetzt können Sie den Welpen loben und die ursprünglich geplante Übung noch einmal durchführen.

## Schreien und Drohen sind nicht in Ordnung

Hunde haben ein sehr empfindliches Gehör. Sie hören sogar besser als Menschen. Wenn Ihr Labrador-Welpe einen Befehl nicht ausführt, liegt das daran, dass er abgelenkt war oder die Übung noch nicht richtig verstanden hat. Trainieren Sie einfach zu einem späteren Zeitpunkt weiter.

Zeigt der Welpe ein unerwünschtes Verhalten, genügt ein deutliches Nein oder Aus. Sie müssen das Wort nicht mehrmals oder lauter als sonst aussprechen. Der Welpe hat sicher sofort verstanden. Benutzen Sie das Wort Nein nur dann, wenn der Welpe aktive Handlungen, zum Beispiel während des Spaziergangs etwas fressen oder einen Radfahrer anbellen, ausführt. Unterlässt der Labrador-Welpe die Handlung sofort bei dem Wort Nein, können Sie ihn anschließend sofort belohnen.

## Klapse oder körperliche Misshandlungen haben in der Hundeerziehung nichts zu suchen

Ein absolutes Tabu sind Klapse oder Schläge. Erziehung erfolgt nicht durch Strafe und Schmerz, sondern ausschließlich durch Lob und andere Belohnungen. Übermäßige Strafen oder Schmerzen führen nur dazu, dass der Welpe das Vertrauen in die Menschen verliert. Er kann keine stabile Grundlage für eine liebevolle Beziehung mehr aufbauen.

Um Grenzen zu setzen, benötigen Sie keine körperliche Gewalt. Setzen Sie die Grenzen in der Hundeerziehung immer fair und wirksam.

## Der Welpe fühlt sich nicht angesprochen

Es ist schließlich immer etwas los. Da kann man schon einmal so richtig abgelenkt sein. Und wenn dann ein Befehl kommt: „Gilt der wirklich mir, oder ist jemand anderer gemeint?" So ungefähr denkt der kleine Hund. Um ihm verständlich zu machen, dass er gemeint ist, setzen Sie den Namen vor den Befehlt. Jetzt weiß der Labrador-Welpe, dass das Kommando eindeutig ihm gilt. Er wird es befolgen.

## Rückschritte sind in Ordnung

Nicht jeder Tag verläuft für den Welpen gleich. Manche Tage sind besser, andere schlechter. Da kann es schon einmal vorkommen, dass das Training an einem schlechten Tag nicht klappen will. Bauen Sie jetzt keinen Druck auf. Beenden Sie einfach die Übungen für diesen Tag und setzen Sie das Training erst am nächsten Tag fort. Ihre Geduld wird belohnt.

## Die Spannung, die sich während des Trainings aufbaut, wird nicht aufgelöst

Während des Trainings verstärkt sich bei dem Labrador-Welpen die Erregung und Anspannung immer mehr. Auch wenn die Übung nicht erfolgreich ist, sollte die Spannung am Ende des Trainings abgebaut werden. Spielen Sie mit dem Hund ein ruhigeres Spiel, damit er sich entspannen kann. Zerrspiele oder Raufspiele sind für diesen Zweck nicht geeignet. Veranstalten Sie eine Kuscheleinheit nach dem Training. Geben Sie dem Labrador-Welpen einen Jackpot. Das können einige Leckerchen sein, für die er nichts tun muss, oder die Erlaubnis, mit dem Lieblingsspielzeug zu spielen.

## Der Welpe wird durch das Training überfordert

Einige Hunde lernen schneller, andere langsamer. Auch wenn der Labrador Retriever zu den intelligenten Hunderassen zählt, kann ein Welpe schnell durch das Training überfordert werden. Bei der geistigen Auffassungsgabe der Hunde bestehen große individuelle Unterschiede. Achten Sie während des Trainings immer genau auf die Körpersprache des Welpen. Zeigt er Anzeichen von Stress, brechen Sie das Training ab und helfen Sie dem Welpen, zu entspannen.

# Die Körpersprache des Hundes verstehen und deuten

Die Sprache von Menschen und Hunden ist sehr verschieden. Damit Sie verstehen, wie sich Ihr Welpe fühlt, sollten Sie genau auf seine Körpersprache achten.

Hunde setzen für die Verständigung untereinander nicht nur Gerüche und Laute ein. Sie sprechen deutlich mit ihrem ganzen Körper.

## Der Welpe ist entspannt

Während der Ruhezeiten liegt der Welpe ausgestreckt in seinem Körbchen. Die Augen sind geschlossen, sein Körper ist entspannt. Welpen weisen beim Einschlafen eine Besonderheit auf. Die kleinen Hunde tollen ausgelassen herum. Werden sie müde, fallen sie einfach um. Sie schlafen dann in der Position weiter, in der sie auf dem Boden gelandet sind. Das kann manchmal ganz lustig aussehen.

Ein entspannter Welpe, der sich wohlfühlt, spielt ausgelassen. Er lässt sich ohne Probleme anfassen. Die Ohren sind leicht aufgestellt. Der Mund ist geschlossen oder leicht geöffnet. Fast scheint es, als würde der Welpe lachen. Die Augen sind geöffnet, die Pupillen mittelweit. Die Rute wird nach hinten gestreckt oder nach oben getragen.

### Der Welpe ist ängstlich

Die Körperhaltung ist geduckt. Der Welpe versucht, sich so klein wie möglich zu machen. Die Ohren sind an den Kopf angelegt, der Schwanz wird zwischen die Beine geklemmt. Eventuell unterwirft sich der Welpe, in dem er sich auf die Seite dreht oder seinen Bauch nach oben wendet. Bei Berührungen stößt der Welpe schrille laute Geräusche aus, die die Beißhemmung des Gegenübers aktivieren sollen.

Um die Gefahr abzuwenden, setzen auch Welpen schon Calming Signals, Beschwichtigungssignale, ein.

### Der Welpe ist gestresst

Der Körper des Hundes ist angespannt. Die Lefzen sind gespannt und leicht zurückgezogen. Ein Teil der Zähne ist zu sehen. Die Muskeln zittern durch die Anstrengung. Der Kopf wird nach vorne gestreckt. Die Ohren sind aufgestellt, um eine Gefahr sofort wahrnehmen zu können. Die Rute schwingt angespannt von links nach rechts.

### Der Welpe fühlt sich bedroht

Wenn möglich, wird der Hund sein Heil in der Flucht suchen und sich verstecken. Ist das nicht möglich, wird er Calming Signals einsetzen, um die Gefahr abzuwenden. Lautes Bellen soll den Gegner verschrecken und den Halter zu Hilfe rufen. Durch Unterwerfung zeigt der kleine Hund, dass er seine Unterlegenheit akzeptiert.

## Calming Signals

Hunde verwenden in ihrer Sprache verschiedene körperliche Signale, um in stressigen Situationen für Entspannung zu sorgen. Dabei muss nicht einmal eine direkte Gefahr vorhanden sein. Es genügt schon, wenn ein Welpe sich bei dem Training gestresst fühlt.

Folgendes Verhalten zählt zu den Calming Signals:

- Der Welpe schleckt mit der Zunge über die Lefzen.
- Der Kopf wird zur Seite gedreht.
- Die Augen blinzeln.
- Der Blick wird zur Seite gewendet.
- Der ganze Körper wird von dem Gegenüber weggedreht.
- Der Welpe setzt sich oder legt sich hin.
- Eine Pfote wird in die Höhe gehoben.
- Der Mund wird weit geöffnet. Der Welpe gähnt deutlich.
- Der Welpe läuft langsamer.
- Der Welpe macht einen deutlichen Bogen.

Calming Signals sind immer ein deutliches Alarmzeichen dafür, dass sich der Labrador-Welpe nicht wohlfühlt. Die meisten dieser Signale sind in den Genen festgelegt und sind schon mit Öffnung der Augen und Ohren vollständig vorhanden. Allerdings lernt der Welpe von anderen Hunden, die Calming Signals als Sprache korrekt in der Hundesprache einzusetzen.

Calming Signals werden von Hunden sowohl für die Kommunikation mit Artgenossen als auch für die Kommunikation mit Menschen verwendet. Reagieren Sie immer, wenn der Labrador-Welpe Calming Signals einsetzt. Brechen Sie in diesem Fall das Training sofort ab und sorgen Sie für Entspannung.

## Grundlegende Befehle erlernen

Ist eine vertrauensvolle und liebevolle Bindung bereits aufgebaut, können Sie schon im Welpenalter mit dem Training der Grundkommandos beginnen. Labrador Retriever sind sehr intelligent und gelehrig. Sie lernen gerne und sind dadurch leicht zu erziehen. Schon im Welpenalter möchten die Hunde nicht nur körperlich, sondern auch geistig gefordert werden.

Es ist besonders wichtig, dass Sie bei der Erziehung des Labrador Retrievers sehr konsequent sind. Das bedeutet, dass die Befehle nicht nur von Ihnen, sondern auch von den anderen Familienmitgliedern gegeben werden sollten. Wird dem Welpen einmal etwas erlaubt und das nächste Mal verboten, führt das nur zu Verwirrung. Der Welpe kennt sich nicht mehr aus. Es ist natürlich immer schwierig, einem so niedlichen Hund Grenzen zu setzen. Denken Sie immer daran, dass ein reibungsloses Zusammenleben nur mit einem gut erzogenen Hund funktioniert. Dem Welpen schadet es nicht, wenn ihm Grenzen gesetzt werden. Er fühlt sich dadurch sicherer aufgehoben und kann die Verantwortung für das Überleben vollständig dem Rudelführer überlassen.

Und jetzt kommen wir zum Training der ersten Grundkommandos.

## Sitz

Das einfachste Grundkommando, das der kleine Hund erlernen kann, ist Sitz. Trainieren Sie den Befehl immer mit einem Wortkommando und einem Handzeichen. Ist der Hund später weit entfernt, können Sie das Kommando auch über ein Handzeichen geben. Auch in einer lauten Umgebung fällt es Ihrem Hund sicher leichter, Handzeichen zu befolgen.

Die ersten Übungen:

Der Welpe wird mit seinem Namen angesprochen. Dann halten Sie ein Leckerchen direkt vor die Schnauze des Labrador-Welpen. Lassen Sie nicht zu, dass der Hund das Leckerchen frisst. Führen Sie es ganz langsam zwischen den Augen hindurch nach oben. Bevor das Leckerchen aus dem Gesichtskreis des Welpen verschwindet, setzt er sich. Sagen Sie den Befehl Sitz und strecken Sie die Hand senkrecht nach oben. Der Welpe erhält das Leckerchen und darf es fressen.

Üben Sie den Befehl nicht öfter als zweimal. Dann benötigt der kleine Hund eine Pause.

Der Labrador-Welpe wird schnell begreifen, dass er das Leckerchen immer dann bekommt, wenn er sich auf den Befehl Sitz und das Handzeichen hin auf den Boden setzt. Sie müssen jetzt das Leckerchen nicht mehr über den Kopf Ihres Hundes führen. Es genügt, wenn Sie den Befehl aussprechen und das Handzeichen geben. Ihr Hund wird sich sofort setzen. Natürlich bekommt er für den ausgeführten Befehl immer eine Belohnung.

## Platz

Das nächste Kommando ist schon etwas schwieriger. Natürlich arbeiten wir wieder mit einem Leckerchen. Diesmal nehmen Sie die Belohnung fest in Ihre Hand und schließen die Finger um das Leckerchen. Der Welpe kann die Belohnung zwar nicht sehen, aber dafür riechen. Senken Sie jetzt die Hand immer mehr in Richtung des Bodens ab. Der Welpe wird der Hand mit der Schnauze folgen. Ab einem bestimmten Punkt muss er den Oberkörper auf den Boden legen, um in der Nähe des Leckerchens zu bleiben. In diesem Moment sagen Sie Platz und geben ein Handzeichen. Das Handzeichen für Platz ist die waagrecht gehaltene Hand, die Finger sind ausgestreckt.

Vielleicht hat Ihr Welpe ein Problem mit der Unterscheidung der Worte Sitz und Platz. Hunde hören bei einem Wort vor allem die Endsilben. In diesem Fall ist das tz. Schwer zu unterscheiden. Um Ihrem Welpen das Training zu erleichtern, können Sie die englischen Begriffe für die Übungen einsetzen: Sit und Down, oder Sitz und Down. Jetzt kann der Welpe die beiden Worte deutlich unterscheiden. Eine weitere Unterscheidung ist durch die unterschiedlichen Handzeichen möglich.

Mit dem Training für das Kommando Platz sollten Sie immer erst beginnen, wenn der Welpe den Befehl Sitz vollständig beherrscht. Sie können aber schon vorher ein spontanes Verhalten des Welpen belohnen. Wenn Sie bemerken, dass sich der Welpe hinlegt, sagen Sie sofort Platz oder Down und geben das Handzeichen. Anschließend erhält der Welpe seine Belohnung. Durch das Belohnen des spontanen Verhaltens ist der Welpe in der Lage, das neue Kommando Platz schneller zu erlernen, ohne durch das Training überlastet zu werden.

## Kommen auf Ruf

Wenn der Hund ohne Leine unterwegs ist, ist es besonders wichtig, dass er jederzeit abgerufen werden kann. Für den Hund ist es schwierig, den Befehl Komm zu befolgen, wenn er gerade mit anderen interessanten Dingen beschäftigt ist oder mit anderen Hunden spielt.

Beginnen Sie das Training, wenn der Hund an einer langen Leine gesichert ist. Sprechen Sie den Labrador Retriever an und sagen Sie nach seinem Namen Komm. Halten Sie dabei ein Leckerchen hoch, so dass der Hund es gut sehen kann. Natürlich will er die Belohnung haben und wird sofort zu Ihnen laufen. Sie können das Verhalten auch durch einen leichten Zug an der Leine unterstützen. Der zugehörige Sichtbefehl sieht folgendermaßen aus: Sie strecken den Arm nach oben und halten die Hand senkrecht. Hunde können auf weitere Entfernungen unbewegte Objekte nicht so gut sehen. Deshalb können Sie Ihren Hund durch leichtes Schwenken des Arms unterstützen.

Üben Sie im ersten Schritt das Kommando nur bei einer geringen Entfernung. Es reicht, wenn Sie zwei bis drei Schritte von Ihrem Vierbeiner entfernt sind. Vergrößern Sie mit der Zeit die Entfernung. Sie wollen überprüfen, ob der Labrador das Kommando beherrscht? Dann warten Sie auf dem Sofa sitzend, bis Ihr Hund mit etwas anderem beschäftigt ist. Jetzt sagen Sie den Namen des Hundes und den Befehl Komm. Der Labrador wendet sich Ihnen zu und kommt zu Ihnen. Geben Sie ihm sofort ein Leckerchen. Er hat den Befehl Komm begriffen. Jetzt können Sie mit dem Training im Freien beginnen.

Suchen Sie sich einen ruhigen Ort, an dem sich zur Zeit des Trainings keine anderen Menschen oder Hunde aufhalten. Verwenden Sie eine Schleppleine, damit Sie Ihren Labrador bei der Übung des Kommandos unterstützen können.

Lassen Sie den Hund zuerst schnüffeln und alle Nachrichten in der Umgebung lesen. Dann können Sie mit dem Training beginnen.

Sagen Sie den Namen des Hundes und das Kommando Komm. Geben Sie gleichzeitig das Handzeichen. Reagiert Ihr Hund nicht sofort, dirigieren Sie ihn mit der Schleppleine zu Ihnen. Es bringt nichts, das Kommando ständig zu wiederholen. Unterstützen Sie Ihren Hund leicht bei der Ausführung des Befehls und belohnen Sie ihn sofort, wenn er vor Ihnen steht. Üben Sie den Befehl zwei- oder dreimal. Danach darf Ihr Hund wieder schnüffeln oder frei laufen. Nach einer Pause können Sie eine abschließende Übung ausführen. Bei der nächsten Stufe ist der Labrador nicht mehr angeleint. Führen Sie das Training daher in einem eingezäunten Gelände oder Garten durch. Gehen Sie genauso vor, wie bei den vorherigen Übungen. Rufen Sie den Hund mit seinem Namen und dem Kommando Komm. Bei den ersten Übungen sollten Sie wieder nur einige Schritte von Ihrem Hund entfernt sein.

Sie werden den Befehl Komm immer wieder benötigen. Am schwierigsten wird es sein, den Labrador während des Spiels mit anderen Hunden abzurufen. Er ist wahrscheinlich vollständig auf das Spiel konzentriert und nimmt Ihren Ruf vielleicht gar nicht wahr. In diesem Fall ist es vorteilhaft, wenn der Labrador auf ein Markersignal oder einen Clicker konditioniert ist. Mit dem Signal oder dem Geräusch können Sie die Aufmerksamkeit des Hundes leichter auf sich lenken. Wie das Markersignal oder das Clicker Training funktioniert, erfahren Sie in einem späteren Kapitel.

## Bleib

Bleib ist ein Kommando, das für die meisten Hunde schwierig zu erlernen ist. Sie sollen an einem Ort bleiben, während sich ihre Bezugsperson langsam, aber sicher immer weiter von ihnen entfernt. Da ist es doch sicherer, gleich hinterherzulaufen. Um diesen Befehl ausführen zu können, muss der Hund Ihnen vertrauen. Er hat gelernt, dass Sie ihn nicht im Stich lassen, sondern immer wieder zurückkommen.

Beginnen Sie das Kommando mit dem Befehl Platz. Hat sich der Hund auf den Boden gelegt, sagen Sie Bleib. Halten Sie die Leine des Hundes weiter in Ihrer Hand. Entfernen Sie sich nun zwei bis drei Schritte von dem Labrador. Wenden Sie ihm dabei aber nicht den Rücken zu, sondern behalten Sie den Blickkontakt bei. Der Hund ist brav liegen geblieben. Dann sagen Sie jetzt Komm und geben dem Hund ein Leckerchen.

Mit der Zeit können Sie die Entfernung immer weiter vergrößern. Am Ende des Trainings bleibt der Hund einfach liegen und Sie können sich umdrehen und einige Meter weit weggehen. Noch schwieriger wird es für den Hund, wenn Sie hinter einen Baum oder um eine Ecke gehen. Jetzt kann Sie der Labrador nicht mehr sehen. Er muss einfach darauf vertrauen, dass Sie zurückkommen.

Steht der Hund während der Übung vor dem Befehl Komm auf und läuft zu Ihnen, erhält er keine Belohnung. Sie sollten ihn aber auch nicht tadeln. Gehen Sie einfach an der Ausganspunkt zurück und geben Sie erneut die Befehle Platz und Bleib.

## Schau

Das Kommando Schau kann verwendet werden, um die Bindung zwischen Hund und Halter zu stärken oder um die Aufmerksamkeit des Hundes auf seine Bezugsperson zu konzentrieren. Damit der Labrador Ihnen in die Augen schauen kann, muss er dieses Verhalten erst erlernen. Es widerspricht nämlich allen Grundsätzen der Hundeetikette.

Der Befehl Schau wirkt wie ein Markersignal. Ihr Hund wird von den anderen Dingen in der Umgebung abgelenkt.

Sagen Sie den Namen des Hundes. Dreht er sich zu Ihnen, geben Sie das Kommando Schau und halten dabei das Leckerchen direkt vor Ihr Gesicht. Der Hund schaut auf das Leckerchen. Rufen Sie ihn jetzt zu sich und geben Sie ihm die Belohnung. Das Handzeichen für das Kommando Schau ist sehr einfach. Die Hand wird einfach unterhalb der Augen vor das Gesicht gehalten.

Wie können Sie überprüfen, ob der Labrador den Befehl gelernt hat? Warten Sie, bis Ihr Hund durch Schnüffeln abgelenkt ist. Sagen Sie Schau. Dreht er sich sofort zu Ihnen und schaut Ihnen in die Augen, hat er das Kommando gelernt. Belohnen Sie ihn sofort.

## Bei Fuß

Das Kommando Bei Fuß ist sehr wichtig. Wer möchte schon von seinem Hund mit der Leine durch die Gegend gezerrt werden. Das kann vor allem im Winter bei Glatteis gefährlich werden.

Auch hier sollten Sie den Befehl zuerst in der Wohnung üben, damit der Labrador nicht unnötig abgelenkt wird. Nehmen Sie Ihren Hund an eine kurze Leine. Achten Sie darauf, dass Sie für das erste Kommando direkt neben dem Hund stehen. Er sollte sich auch auf der Höhe Ihres linken Knies befinden. Stellen Sie sich also neben Ihren Hund. Sagen Sie seinen Namen und den Befehl Bei Fuß. Geben Sie ihm eine Belohnung. Gehen Sie jetzt einige Schritte. Hindern Sie den Labrador durch die kurze Leine daran, vorauszulaufen.

Verlegen Sie das Training jetzt ins Freie. Sagen Sie den Befehl Fuß und gehen Sie einige Schritte. Läuft der Labrador Retriever nach vorne weg, bleiben Sie stehen und gehen anschließend wieder an den Ausgangspunkt zurück. Hier beginnen Sie das Training wieder von vorne.

Immer, wenn der Hund direkt an Ihrer Seite läuft, erhält er eine Belohnung. Ist Ihr Labrador bereits auf einen Clicker konditioniert, können Sie für dieses Kommando mit einem Target Stab arbeiten. Näheres dazu finden Sie in dem Kapitel Clicker Training.

Sie haben einen Labrador, der besonders hartnäckig an seiner Leine zieht? Dann lassen Sie ihn doch einmal ziehen. Bleiben Sie stehen und warten Sie, bis die längere Leine vollständig gespannt ist. Jetzt kann der Hund nicht mehr weiter. Plötzlich lassen Sie die Leine etwas locker. Ihr Hund wird nach vorne stolpern. Das ist ihm sicher unangenehm. Jetzt rufen Sie den Labrador zu sich und gehen in eine andere Richtung. Der Hund hat keine Chance, zu dem begehrten Objekt zu kommen. Schnell lernt er, dass ihn Ziehen an der Leine nicht weiterbringt.

Die Leinenführigkeit ist sehr wichtig, wenn Sie sich mit Ihrem Labrador in einer großen Menschenmenge bewegen. Nicht immer können Sie den Hund mit der straffen Leine nahe bei sich halten. Hat er das Kommando Bei Fuß gelernt, können Sie völlig entspannt weitergehen.

## Ruhe lernen

Hunde, die immer wieder bellen, sind bei den Nachbarn nicht besonders beliebt. Auch Radfahrer und Jogger schätzen es nicht besonders, wenn ein lautstark bellender Hund ihren Weg kreuzt. Nur schwer kann eingeschätzt werden, ob der Hund nur bellt oder vielleicht zu einem Angriff übergeht.

Deshalb ist es wichtig, Ihrem Labrador beizubringen, dass er sich in bestimmten Situationen ruhig verhalten sollte.

Der Befehl für dieses Kommando lautet Ruhig. Das Handzeichen sind ein oder zwei Finger, die direkt vor den Mund gehalten werden.

Beginnen Sie mit dem Training in der Wohnung. Hier sollte der Hund bereits einen besonderen Platz besitzen. Das ist meistens eine Decke oder ein Körbchen, die direkt an einer Wand platziert werden. Für den Labrador ist die Decke ein sicherer Platz. Hierher darf er sich zurückziehen, wenn er nicht gestört werden möchte. Trotzdem kann er von diesem Platz aus alle Vorgänge in der Umgebung beobachten.

Durch ein Kaustangerl wird die Decke noch mehr zu einem besonderen Platz. Erlauben Sie Ihrem Labrador, das Kaustangerl nur direkt auf der Decke zu fressen. Versucht er sich dem Kaustangerl an anderen Orten in der Wohnung zu widmen, schicken Sie ihn mit dem Befehl Geh Platz oder Geh Decke auf diese Decke.

Für dieses Training ist es vorteilhaft, wenn Sie zu zweit sind. Eine Person geht vor die Türe und macht ein Geräusch, das den Hund zum Bellen animiert. Machen Sie den Labrador mit dem Befehl Schau auf sich aufmerksam und geben Sie gleich anschließend das Kommando Ruhig. Belohnen Sie den Hund, wenn er das Bellen einstellt und schicken Sie ihn mit der Belohnung auf seine Decke. Hat der Labrador den Befehl Ruhig gelernt, können Sie das Kaustangerl auch schon vorher auf der Decke verstecken. Ihr Hund bellt. Sagen Sie Ruhig und Geh Decke. Dort findet der Hund seine Belohnung vor.

Während eines Spaziergangs setzen Sie vor dem Kommando Ruhig ein Markersignale ein. Anschließend geben Sie das Kommando Ruhig. Belohnen Sie den Labrador, wenn er sofort sein Bellen einstellt.

Die Decke können Sie gut nutzen, wenn Gäste kommen. Jetzt werden die Gäste nicht mehr von einem bellenden Labrador empfangen, sondern von Ihnen begrüßt. Schicken Sie den Hund einfach beim ersten Läuten auf die Decke und geben Sie das Kommando Ruhig. Ein vorher dort verstecktes Kaustangerl hilft dem Labrador, seine Erregung abzubauen.

Wollen die Gäste den Hund begrüßen, sollte dieser Zeitpunkt immer von Ihnen bestimmt werden. Rufen Sie den Labrador zu sich und erlauben Sie ihm, die anwesenden Personen zu beschnüffeln. Die Begrüßung darf nie auf der Decke des Hundes erfolgen. Denken Sie immer daran: Die Decke ist der ultimative Rückzugsort, an dem der Hund sicher ist und von niemandem gestört werden darf.

## Alleine bleiben

Natürlich will der Labrador Retriever Sie überall hin begleiten. Es gibt aber Situationen, in denen das nicht möglich ist. Vielleicht müssen Sie einen Arzt aufsuchen oder wollen einfach einmal eine Ausstellung besuchen. Das heißt natürlich nicht, dass Sie den Labrador jetzt mehrere Stunden lang allein lassen sollen. Aber ein ausgewachsener Hund ist durchaus in der Lage, zwei bis drei Stunden in der Wohnung zu verbringen, ohne dass er Gesellschaft hat. Bei Welpen ist eine derart lange Zeit natürlich nicht möglich. Sie sollten aber schon im Welpenalter mit dem Training beginnen, damit der Labrador später problemlos alleine bleiben kann.

Sie erinnern sich an die Decke im vorigen Kapitel. Diese benötigen wir auch für dieses Training. Geben Sie dem Welpen einen Kausnack, damit er beschäftigt ist, und verlassen Sie kurz das Zimmer. Wenn Ihnen der Labrador-Welpe hinterher läuft, schicken Sie ihn wieder zurück auf die Decke. Bleiben Sie nur für kurze Zeit in dem anderen Raum. Kommen Sie wieder zurück und begrüßen Sie den Hund überschwänglich.

Verzichten Sie immer auf Abschiedsworte oder Sätze wie: „Ich komme gleich wieder." Der Labrador wird durch diese Verabschiedung der Situation eine besondere Bedeutung zumessen. Er reagiert beunruhigt und nervös und wird nicht zurückbleiben wollen. Schicken Sie den Hund aber einfach auf seine Decke, wird er sich mit dem Kaustangerl beschäftigen und nicht weiter aufgeregt reagieren. Anstelle des Kaustangerls können Sie auch einen Kong, der mit einer leckeren Paste gefüllt wird, oder einen Futterball einsetzen.

Hat der Welpe gelernt, dass er Ihnen nicht immer folgen muss, nehmen Sie den nächsten Schritt in Angriff. Sie verlassen die Wohnung. Bleiben Sie vor der Türe stehen und horchen Sie, ob der Hund bellt oder winselt. Betreten Sie die Wohnung nach ein bis zwei Minuten wieder und gehen Sie ganz normal Ihren alltäglichen Verrichtungen nach. Meistens wird der Hund sie schnell begrüßen und den Labi-Dance veranstalten. Danach zieht er sich sicher wieder mit seinem Spielzeug auf die Decke zurück. Dehnen Sie die Zeit der Abwesenheit immer weiter aus.

Ihr Hund bleibt bereits problemlos alleine in der Wohnung? Sie wollen gerne kontrollieren, was er in dieser Zeit macht? Dann bringen Sie in der Wohnung eine Kamera an, die Sie mit einer App verbinden. Jetzt können Sie kontrollieren, ob der Labrador Probleme mit Ihrer Abwesenheit hat oder sich einfach selbst beschäftigt oder schläft.

## Stopp

Das Kommando Stopp ist während des Spaziergangs besonders wichtig. Es hindert Ihren Labrador nicht nur daran, auf andere Hunde oder Personen zuzustürmen. Der Befehl wird auch im Straßenverkehr eingesetzt, damit Ihr Hund nicht einfach über die Straße läuft, sondern an der Gehsteigkante stehenbleibt.

Führen Sie den Hund an der kurzen Leine. Sie kommen zu einer Straße? Dann sagen Sie Stopp und bleiben gleichzeitig stehen. Bleibt Ihr Hund auch stehen, belohnen Sie ihn mit einem Leckerchen. Auch wenn Sie es einmal eilig haben, sollten Sie diesen Befehl immer anwenden. Es kostet kaum Zeit und erhöht Ihre und die Sicherheit Ihres Hundes beim Überqueren der Straße. Gehen Sie erst weiter, wenn Sie dem Hund das Kommando Komm gegeben haben.

Stopp ist sehr vielseitig einsetzbar. Sie können das Kommando verwenden, wenn ein gemeinsames Spiel zu wild wird oder wenn Sie wollen, dass der Labrador ein unerwünschtes Verhalten beendet. Stopp sollte nicht willkürlich eingesetzt werden. Für den Hund bedeutet das Kommando Stopp eine Grenze, die er unbedingt einhalten muss.

## Regeln aufstellen

Antiautoritäre Erziehung funktioniert bei Hunden nicht. Im Gegenteil. In jedem Rudel gibt es Hierarchien und Regeln, die von allen Rudelmitgliedern eingehalten werden müssen. Die Regeln vermitteln Sicherheit für den Einzelnen und garantieren auch das Überleben der Art.

Die Familie ist für den Labrador Retriever sein Rudel. Er kennt die Rangordnung innerhalb der Familie und hat Sie als Rudelführer und Bezugsperson akzeptiert. Damit sich der Labrador sicher fühlt, benötigt er Struktur und Regeln. Der Hund muss wissen, was von ihm erwartet wird, und wird sich immer bemühen, die Wünsche von Ihnen zu erfüllen. Ohne Regeln kann der Labrador sein Verhalten nicht nach Ihnen ausrichten. Er kann die Verantwortung nicht mehr abgeben, sondern muss selbst die Rolle des Alpha-Tiers und des Anführers übernehmen. Keine angenehme Situation, da nicht jeder Hund zum Anführer geboren ist. Aber was bleibt ihm ohne Regeln schon übrig? Um sein mangelndes Selbstbewusstsein, die Nervosität und den Stress zu unterdrücken, wird der Hund beginnen, zu bellen oder verschiedene unerwünschte Verhaltensweisen an den Tag zu legen. Denken Sie also immer daran. Konsequenz und Regeln bedeuten nicht, dass Sie Ihren Hund nicht lieben. Im Gegenteil: Sie ermöglichen ihm ein sicheres Zuhause und ein glückliches Hundeleben.

## Warum benötigen Hunde Regeln?

Hunde sind Sozialpartner der Menschen. Obwohl der Mensch nicht zu den Artgenossen zählt, wird er von seinem Hund als vollwertiges Rudelmitglied anerkannt. Es wird dem Menschen sogar die Führungsrolle und Versorgerrolle überlassen. Der Mensch übernimmt für den Rest des Hundelebens die Rolle der Mutterhündin. Da der Hund nicht wie Kinder erwachsen wird, muss er für den Rest seines Lebens versorgt werden. Je souveräner sich der Mensch als Partner des Hundes verhält, umso leichter macht er es dem Hund, sich in seinem Zuhause sicher zu fühlen. Übernimmt der Mensch diese Verantwortung, hat er die wichtigste Basis für das Zusammenleben mit seinem Hund geschaffen: Vertrauen.

## Um Regeln aufstellen zu können, ist Respekt die Grundvoraussetzung

Regeln dürfen nicht willkürlich aufgestellt werden. Sie müssen einen Grund haben und sollten auch nicht ständig verändert werden. Nicht nur der Mensch, auch der Hund muss in den Regeln einen Sinn erkennen. Damit Sie in der Lage sind, Regeln aufzustellen, müssen Sie die Persönlichkeit Ihres Hundes genau kennen. Respektieren Sie die Eigenheiten eines Labradors und geben Sie Ihrem Hund auch die Privatsphäre und Freiheit, die er benötigt. Ein Beispiel dafür ist zum Beispiel der Spaziergang. Der Labrador ist ein Hund, der gerne Zeit draußen verbringt, egal bei welchem Wetter. Eine Regel, die besagt, bei Regen gehen wir nicht hinaus, ist sinnlos und kann von Ihrem Hund auch nicht akzeptiert werden. Stellen Sie also immer nur Regeln auf, die für das Zusammenleben notwendig sind, ohne die natürlichen Bedürfnisse des Hundes einzuschränken.

## Keine Regel ohne Ausnahme

Natürlich dürfen Sie auch ab und zu eine Ausnahme machen. Das sollte aber nur sehr selten der Fall sein. Der Labrador Retriever ist ein sehr intelligenter Hund. Er durchschaut schnell, welche Regeln Ihnen wirklich wichtig sind und welche nicht. Hat er einmal seinen Kopf durchgesetzt, wird er das in einem ähnlichen Fall immer wieder versuchen. Und schon hat sich ein unerwünschtes Verhalten durch die Hintertüre eingeschlichen. Stellen Sie also immer nur solche Regeln auf, die Sie auch wirklich einhalten wollen. Achten Sie auf Konsequenz, damit die Ausnahme nicht zur Regel wird.

Regeln sind wichtig. Aber auch die Befriedigung der natürlichen Bedürfnisse zählt.

Sie setzen Ihrem Labrador Retriever eine Grenze und stellen eine Regel für das Zusammenleben auf. Dann sollten Sie Ihrem Hund auch immer die Möglichkeit für ein alternatives Verhalten anbieten.

Sie wollen zum Beispiel nicht, dass der Labrador an den Möbeln oder Ihren Schuhen kaut. Kein Problem. Aber Kauen ist ein natürliches Bedürfnis von Hunden. Es dient der Beschäftigung, verhindert Langeweile und hilft, Stress abzubauen. Kauen ist also absolut notwendig für Ihren Hund. Bieten Sie ihm statt der Schuhe einen natürlichen Kausnack an. Der Labrador Retriever kann sein Bedürfnis ausleben und lässt Ihre Schuhe in Ruhe.

Ihr Welpe wird auf der Hundewiese oder in der Hundeschule von anderen Hunden bedrängt? Er verlässt sich auf Sie und sucht bei Ihnen Schutz und Hilfe. Wenn Sie jetzt einfach den Ort verlassen, lernt Ihr Welpe nur eines: Der Mensch enttäuscht mich. Er will nicht für mich verantwortlich sein und lässt mich bei Gefahr einfach im Stich. Bieten Sie dem Welpen eine sichere Alternative an. Nehmen Sie ihn aus dieser für ihn unangenehmen Situation heraus. Ermöglichen Sie ihm das Kennenlernen von anderen Hunden in einer entspannten Atmosphäre. Vermeiden Sie Begegnungen mit einer Hundegruppe, die schon aufeinander eingespielt ist. Geben Sie Ihrem Labrador-Welpen lieber die Gelegenheit, jeden dieser Hunde einzeln kennenzulernen. Auch wenn der Labrador Retriever normalerweise keinerlei Probleme mit Artgenossen hat, da er kein dominantes Verhalten zeigt, sollten Sie schlechte Erfahrungen des Welpen möglichst verhindern.

## Die grenzenlose Freiheit ist ein Traum des Menschen, aber nicht des Hundes

Grenzenlose Freiheit bedeutet für Ihren Hund vor allem eines: Verantwortung und Stress. Die Regeln sollten Ihren Labrador aber nicht vollständig in ein Korsett zwängen. Er muss immer noch die Möglichkeit haben, einfach Hund zu sein. Damit durch Regeln ein harmonisches Zusammenleben ermöglicht wird, ist vor allem eines nötig: Respekt vor den Eigenarten des anderen Lebewesens. Auf Respekt gründen sich viele wertvolle Freundschaften, nicht nur mit Artgenossen, sondern auch artübergreifend.

## Regeln müssen überall gelten

Regeln dürfen nicht nur für den Aktionsraum des Labrador Retrievers gelten. Ihre Gültigkeit muss sich auch auf den Kernraum des Lebensbereiches erstrecken. Doch worum handelt es sich dabei überhaupt?

Der Kernraum des Hundes ist sein Zuhause, die Wohnung. Hier erhält er sein Futter, schläft in Sicherheit, spielt und verbringt gemeinsame Stunden mit seinen Menschen. Im Aktionsraum befinden sich andere Artgenossen und Beutetiere. Soll Ihr Labrador draußen bestimmte Regeln einhalten, müssen diese auch in der Wohnung gelten. Kann der Hund im Kernraum immer entscheiden, welche Ressourcen ihm zur Verfügung stehen, wird er das auch im Aktionsraum versuchen. Das kann schnell Streitigkeiten mit anderen Hunden auslösen. Achten Sie darauf, dass in der Wohnung nicht der Hund entscheidet, wie er die Ressourcen nutzen darf. Behalten Sie sich immer die endgültige Entscheidung vor.

Ein Beispiel dafür ist das Schlafen im Bett. Eigentlich ist es kein Problem, wenn ein Hund in Ihrem Bett schläft. Er sollte nur nicht darüber entscheiden dürfen, wann und wie häufig. Sonst haben Sie in Kürze einen Hund in Ihrem Bett liegen, der Ihnen den Zugang zu dieser Ressource verweigert. Auch wenn der Labrador Retriever ein sehr gutmütiges und sanftes Wesen hat, sollten immer Sie der Rudelführer bleiben. Sie fordern den Hund dazu auf, im Bett zu schlafen. Und Sie schicken ihn auch in sein Körbchen, wenn es einmal nicht passt.

Kann der Hund in seinem Kernraum alle Entscheidungen über die Zuteilung von Ressourcen selber treffen und erhält er auch alles, was er verlangt, wird er auch draußen seine Entscheidungen selber treffen wollen. Er wird dann trotz Rückruf einfach weiter spielen und Befehle nur beachten, wenn es ihm passt.

Bei anderen Hunden kann dieses Problem zu wesentlich mehr Schwierigkeiten führen als bei einem Labrador Retriever. Die Hunde besitzen einen genetisch angelegten starken Will to Please und werden meistens bemüht sein, die Wünsche Ihres Halters zu erfüllten. Trotzdem sollten Sie immer klarstellen, dass Sie der Anführer des Rudels sind und das Sagen haben.

## Gesetzliche und individuelle Regeln müssen beachtet werden

Einige Regeln für das Zusammenleben von Hunden und Menschen werden durch den Gesetzgeber in Verordnungen bestimmt. Dazu gehört zum Beispiel die Mitnahme eines Hundes in öffentlichen Verkehrsmitteln. Hier ist in vielen Ländern ein Maulkorb und eine Leine vorgeschrieben. Damit Ihr Labrador Retriever problemlos die öffentlichen Verkehrsmittel benutzen kann, sollte er schon rechtzeitig daran gewöhnt werden, einen Maulkorb zu tragen. Eine weitere Regel besteht in einer Leinen- und Maulkorbpflicht an öffentlichen Orten. Erkundigen Sie sich immer bei der zuständigen Behörde, welche gesetzlichen Bestimmungen in Ihrem Ort gelten.

Hunde dürfen auch nicht einfach den Bürgersteig verunreinigen. Eine weitere gesetzliche Regel. Erziehen Sie Ihren Hund zur Sauberkeit. Er sollte den Harn nur im Rinnsal absetzen. Den Kot können Sie mit einem Hundekotbeutel aufheben und entsorgen.

Individuelle Regeln im Zusammenleben sind einfacher. Zu diesen Regeln zählt zum Beispiel, dass Ihr Labrador Retriever nicht an anderen Personen bei der Begrüßung hochspringen sollte. Auch nicht, wenn er sich noch so freut und dabei so süß ist.

## Regeln werden durch Konsequenz und nicht durch Strenge erlernt

Strenge oder Strafen nehmen dem Labrador Retriever den Spaß an dem Training. Auch wenn der Hund zu den Hunderassen zählt, die Strafen sehr gut tolerieren, sollten Sie diese nicht als Mittel der Erziehung betrachten. Schneller und einfacher erfolgt das Lernen durch liebevolle Konsequenz und Belohnung. Trainieren Sie bestimmte Verhaltensweisen immer wieder mit Ihrem Hund. Seien Sie konsequent und bestehen Sie auf der Ausführung Ihrer Anordnungen. Bieten Sie Ihrem Labrador Retriever ein Alternativverhalten an. Es ist besser, das Alternativverhalten zu belohnen, als das falsche Verhalten zu bestrafen.

## Das richtige Korrigieren

Um ein weiteres Fehlverhalten des Labrador Retrievers zu vermeiden, sollten Sie das unerwünschte Verhalten immer sofort korrigieren. Ebenso wie eine Belohnung muss eine Korrektur innerhalb von ein bis drei Sekunden erfolgen, damit sie von dem Hund mit dem falschen Verhalten verknüpft werden kann. Spätere Korrekturen zeigen keinen Erfolg mehr.

Korrekturen können durch Blicke, Kommandos oder Worte, Geräusche oder eine Unterbrechung des Spiels erfolgen. Durch die Korrektur wird das unerwünschte Verhalten des Hundes unterbrochen. Jetzt sollte sofort ein Alternativverhalten eingefordert werden, für das Ihr Hund anschließend belohnt werden kann.

**Beispiele für eine Korrektur:**

Sie spielen mit dem Labrador Retriever ein Zerrspiel. Das Spiel artet immer mehr aus und wird schließlich zu wild. Der Hund beginnt, in Ihre Hand zu beißen. Unterbrechen Sie das Spiel sofort. Nehmen Sie das Zerrspielzeug an sich, damit der Hund auch nicht alleine weiterspielen kann. Warten Sie, bis sich der Hund wieder beruhigt hat. Jetzt können Sie ihn zu sich rufen und wieder mit dem Spiel beginnen. Die Korrektur besteht also darin, dass Sie nicht mehr mit dem Hund spielen, obwohl er das Spiel fortsetzen möchte.

Der Labrador Retriever springt zur Begrüßung immer an Ihnen oder anderen Menschen hoch. Für viele ist das nicht gerade ein angenehmes Verhalten des Hundes. Drehen Sie sich, wenn Ihr Hund an Ihnen hochspringt, einfach zur Seite. Seine Pfoten werden abrutschen und schon steht er wieder mit allen vier Beinen auf dem

Boden. Nutzen Sie diesen Moment für eine Belohnung. Springt der Hund noch einmal an Ihnen hoch, drehen Sie sich wieder weg und unterbrechen die Begrüßung.

## Förderung und Training des Hundes

Damit Ihr Labrador Retriever ein glückliches, gesundes und langes Hundeleben führen kann, sollten Sie seine Eigenschaften und Vorlieben mit einem gezielten Training fördern. Ermöglichen Sie es Ihrem Vierbeiner, seine natürlichen Anlagen als Jagdhund zu trainieren und die natürlichen Instinkte auszuleben.

Der Labrador Retriever ist ein intelligenter Hund, der sein ganzes Leben lang daran interessiert ist, neue Tricks zu erlernen. Nutzen Sie diese Vorliebe Ihres Hundes und bringen Sie ihm viele Tricks bei, an denen Sie beide Spaß haben.

### Intelligenzspiele

Der Labrador Retriever durchschaut Intelligenzspiele immer sehr schnell. Sie werden überrascht sein, wie schnell der Hund Erfahrungen sammelt und lernt. Auch die Lösung komplizierter Probleme stellt für ihn keine allzu große Herausforderung dar. Denken Sie also immer daran, dass Sie Ihren Hund nicht nur körperlich, sondern auch geistig auslasten sollten.

## Das Hütchen-Spiel

Für dieses Spiel können Sie Pylonen verwenden. Haben Sie nicht genügend Platz für große Hütchen, ist als Alternative auch die Verwendung von großen Bechern oder Schachteln möglich. Verstecken Sie ein Leckerchen unter einem der Hütchen. Lassen Sie Ihren Hund danach suchen. Um den Schwierigkeitsgrad des Spiels zu steigern, können Sie die Verstecke immer komplizierter gestalten. Sie können zum Beispiel das Hütchen auch beschweren, damit es nicht so schnell umfällt.

## Drehen von Flaschen

Dieses Intelligenzspielzeug können Sie selbst aus einigen Plastikflaschen herstellen. Schneiden Sie in die Mitte der Flaschen zwei kleine Löcher und ziehen Sie eine Schnur durch die Löcher. Schrauben Sie den Verschluss der Flaschen ab. Befestigen Sie die Schnur zwischen zwei Sesseln, so dass sich die Flaschen auf Höhe des Hundekopfes befinden. Füllen Sie die Flaschen mit Leckerchen. Natürlich möchte die kleine Fressmaschine die Leckerchen schnell haben. Zu dumm, dass diese in der Flasche eingeschlossen sind. Ihr Hund wird versuchen, an die Leckerchen zu kommen. Dabei wird er schnell entdecken, dass das Futter herausfällt, wenn er die Flaschen mit der Pfote oder der Schnauze dreht.

## Gekauftes Intelligenzspielzeug

Intelligenzspielzeug können Sie auch im Tierfachhandel kaufen. Da der Hund an den einzelnen Teilen immer wieder herumkaut, ist es meistens besser, hochwertiges Intelligenzspielzeug aus Holz zu verwenden und auf Spielzeug aus Plastik zu verzichten.

Beginnen Sie mit einem einfachen Kegelspiel aus Holz. Die Leckerchen werden unter den Kegeln versteckt. Ihr Hund muss die Kegel mit der Pfote umstoßen oder mit der Schnauze aufheben, damit er die Belohnung fressen kann.

Schwieriger ist ein Spiel, bei dem Platten verschoben werden müssen, damit der Hund an die Leckerchen gelangen kann. Einige Spiele enthalten auch Schubladen, an denen ein kleines Seil befestigt ist. An diesem muss der Hund ziehen, um an die Belohnung zu gelangen.

Weitere Intelligenzspiele können Sie mit verschiedenen Formen des Kongs veranstalten. Das Spielzeug wird mit einer Paste oder Futter gefüllt. Der Labrador Retriever muss sich bemühen, durch Einsatz seiner Zunge oder durch Bewegungen des Kongs an den leckeren Inhalt zu gelangen.

Bei Intelligenzspielen sind Ihrer Fantasie keine Grenzen gesetzt. Probieren Sie einfach verschiedene Ideen aus und haben Sie Spaß an der ausgezeichneten Lernfähigkeit Ihres Hundes.

# Clickertraining für Hunde

Clickertraining ist eine ideale Methode, um einem Labrador Retriever verschiedene Tricks beizubringen. Sie können mit der spielerischen Konditionierung schon im Welpenalter beginnen.

## Grundlagen des Clickertrainings

Clickertraining ist eigentlich ein Training mit einem Markersignal. Nur das Signal ist nicht ein Wort, sondern ein Geräusch, das mit dem Clicker erzeugt wird. Bei dieser Methode wird die Art, wie Hunde lernen, genutzt. Sie haben sicher schon einmal etwas über die Pawlowsche Glocke gehört. Bei diesem Versuch wurde Hunden Futter vorgesetzt. Gleichzeitig ertönte eine Glocke. Nach einiger Zeit verknüpften die Hunde das Geräusch der Glocke mit dem Futter. Sie produzierten bereits Speichel, wenn Sie die Glocke hörten. Das Futter musste dabei noch nicht vor den Hunden stehen.

Mit dem Clicker funktioniert es ähnlich. Zuerst muss der Labrador Retriever auf den Clicker konditioniert werden.

Dafür benötigen Sie einen Helfer. Nehmen Sie den Clicker in die Hand und rufen Sie Ihren Hund. Immer, wenn Sie clicken, erhält der Hund von der zweiten Person ein Leckerchen. Stimmen Sie vorher ihre Handlungen gut aufeinander ab. Zwischen dem Leckerchen und dem Geräusch darf höchstens der Abstand von einer Sekunde liegen.

Da der Labrador Retriever ein sehr intelligenter Hund ist, wird die Konditionierung eines erwachsenen Hundes nur zwei bis drei Tage dauern. Bei Welpen dauert dieser Vorgang länger, da die kleinen Hunde sich immer nur wenige Sekunden konzentrieren können.

### Wie überprüfen Sie, ob die Konditionierung erfolgreich war?

Warten Sie, bis Ihr Hund mit etwas anderem beschäftigt ist. Jetzt clicken Sie. Wendet der Labrador sich sofort nach dem Geräusch um und schaut auf den Clicker, ist die Konditionierungsphase abgeschlossen.

Denken Sie immer daran, dass der Click eine Art Markersignal ist. Er ist ein Versprechen, dass der Hund eine Belohnung erhält, wenn auch einige Minuten später. Dieses Versprechen muss unbedingt immer eingehalten werden.

Die Belohnung über den Clicker hat viele Vorteile: Sie können Ihren Hund auch dann belohnen, wenn er ein erwünschtes Verhalten in weiterer Entfernung ausführt. Sie müssen ihm nicht jedes Mal sofort eine Belohnung geben.

## Spiele mit dem Clicker

Ist Ihr Labrador Retriever auf den Clicker konditioniert, können Sie mit dem Einüben verschiedener Tricks beginnen. Dabei sollte das Training immer in kleine Schritte aufgeteilt werden. Ihr Hund hat schneller Erfolgserlebnisse und lernt dadurch noch schneller.

### Training mit dem Target Stab

Ein Target Stab ist ein gerader Stab, an dem ein Ende durch ein farbiges Klebeband markiert ist. Achten Sie bei der Auswahl der Farbe auf das Farbsehen Ihres Hundes. Am besten eignet sich ein rotes Klebeband für diesen Zweck. Legen Sie den Stab auf den Boden. Ihr Hund ist neugierig und wird das Objekt schnell entdecken. Sobald er den Stab mit der Schnauze oder der Pfote berührt, clicken Sie. Nach mehreren Durchgängen belohnen sie nur mehr Berührungen mit der Schnauze mit einem Click. Dann erfolgt der Click nur mehr, wenn der Hund die rote Fläche mit der Schnauze berührt. Auch wenn es einige Versuche dauert und der Hund anfangs verwirrt ist, weil er, anders als vorher, keine Belohnung erhält, wird er schnell die Ursache dafür herausfinden. Schon nach kurzer Zeit wird er von sich aus die rote Fläche berühren und Sie erwartungsvoll anschauen. „Wo bleibt mein Click?", sagen die Augen.

Nehmen Sie den Stab jetzt in die Hand und halten Sie ihn an der linken Seite. Die Höhe der roten Markierung befindet sich genau auf der Höhe Ihres linken Knies. Geben Sie das Kommando Bei Fuß. Berührt der Hund den Stab, clicken Sie. Gehen Sie einige Schritte und belohnen Sie jede Berührung mit einem Click. Nach einiger Zeit können Sie den Target Stab beiseitelegen. Der Hund wird auch ohne Stab bei dem Kommando Bei Fuß exakt an Ihrer linken Seite laufen.

## Öffnen der Türe

Bringen Sie an der Türschnalle ein Seil an, an dem der Hund ziehen kann. Legen Sie das Seil zuerst auf den Boden und belohnen Sie die Berührung mit einem Click. Jetzt befestigen Sie das Seil an der Türschnalle. Wieder belohnen Sie zuerst die Berührungen mit einem Click. Im nächsten Schritt erhält der Hund nur mehr einen Click, wenn er das Seil zwischen seine Zähne nimmt. Zeigen Sie Ihrem Hund in diesem Moment, was passiert, wenn er an dem Seil zieht. Belohnen Sie jeden Zug an dem Seil mit einem Click. Der Labrador Retriever wird mit seiner Weichmäuligkeit schnell herausfinden, wie stark er an dem Seil ziehen muss, damit die Türe sich öffnet.

Sie können den Clicker noch bei vielen anderen Spielen anwenden, um das Lernen Ihres Hundes zu unterstützen. Jedes Spiel muss dabei in der Lernphase in viele kleine Schritte zerlegt werden, die aufeinander aufbauen. Sie haben sicher schon gesehen, wie Hunde auf einem Skateboard fahren oder über eine Leiter klettern oder schaukeln.

Nutzen Sie den Clicker auch beim Man Trailing oder bei Suchspielen während des Spaziergangs. Sie können den Click auch einsetzen, um die Aufmerksamkeit des Hundes auf sich zu lenken.

Damit nach dem spielerischen Training die Spannung vollständig aufgelöst wird, erhält der Hund nach dem letzten Durchgang einen Jackpot. Das kann entweder ein Superleckerchen, ein besonders Spielzeug, eine größere Menge an Leckerchen oder Streicheleinheiten sein. Richten Sie sich hier nach den Vorlieben Ihres Hundes. Der Jackpot muss immer etwas Besonderes sein. Er ist nicht an Bedingungen geknüpft und zeigt dem Hund, dass das heutige Training beendet ist.

# Die Lebensphasen des Labrador Retrievers

Wie jeder andere Hund durchläuft auch der Labrador Retriever verschiedene Lebensphasen. Obwohl in jedem Alter Training und Lernen möglich sind, sollte die Art des Lernens immer an das Alter des Hundes und seinen körperlichen und geistigen Zustand angepasst sein.

## Die ersten vier Wochen im Leben des Labrador Retrievers

In den beiden ersten Lebenswochen ist der Welpe noch voll von seiner Mutter abhängig. Die Augen und Ohren sind geschlossen. In den ersten Tagen kann der kleine Hund nur nach vorne kriechen. Er orientiert sich an der Wärme der Mutterhündin, um die Zitze zu finden. Dabei hat jeder Welpe seine Lieblingszitze, die er ganz gezielt aufsucht. Nach zwei Wochen öffnen sich die Augen und die Ohren. Der Welpe beginnt, erste Geräusche in der Umgebung wahrzunehmen. In dieser Zeit beginnt auch die Prägephase. Die Welpen haben regelmäßig Kontakt zu dem Züchter. Sie werden beim Wiegen in die Hand genommen und erhalten die ersten Streicheleinheiten. Mit Abschluss der vierten Lebenswoche erfolgt der erste Besuch bei einem Tierarzt. Die Welpen werden entwurmt und erhalten eine Welpenimpfung gegen Parvovirose, eine virale Infektionskrankheit.

## Die fünfte bis achte Woche im Leben des Welpen stellt diesen vor große Herausforderungen

Jetzt ist die Erkundung der Umgebung angesagt. Die Welpen verlassen unter strenger Aufsicht der Mutter die Wurfkiste und beginnen, ihre Umwelt zu erkunden. Dabei wird alles genau mit dem kleinen Mäulchen untersucht. Erste Spiele mit den Wurfgeschwistern finden statt. Die sozialen Fähigkeiten des Welpen beginnen sich zu entwickeln. In Raufspielen testet er seine Kraft und lernt, seinen Körper besser einzuschätzen. Durch die Spiele werden auch die Muskeln und Gelenke trainiert.

In dieser Zeit dürfen die Welpen zum ersten Mal Besuch von der zukünftigen Familie erhalten. Der Züchter macht die Hunde außerdem mit verschiedenen Situationen bekannt. In dieser Phase des angstfreien Lernens, das ausschließlich von Neugier gekennzeichnet ist, lernen die Hunde mit dem Auto zu fahren, einen Aufzug zu betreten und andere Tiere wie Katzen, Kleinnager oder Vögel nicht als Beute zu betrachten. Natürlich kann der Labrador Retriever auch später noch an andere Hausgenossen gewöhnt werden. Aber jetzt ist der ideale Zeitpunkt. Erfolgt das Kennenlernen in einem höheren Alter, sind die Jagdinstinkte bereits stärker ausgeprägt. Die Zusammenführung muss einfühlsamer und langwieriger durchgeführt werden.

# Ab der neunten Woche erfolgt der Übergang in ein neues Leben

Der Welpe ist jetzt alt genug, um von seiner Mutter und den Geschwistern getrennt zu werden. Er ist bereit, in sein neues Zuhause umzuziehen und sich in der neuen Familie einzuleben. Bis zur 24 Lebenswoche ist der Labrador Retriever vor allem daran interessiert, neue Dinge zu lernen und weitere Freundschaften zu schließen. Jedes Erfolgserlebnis vermittelt ihm mehr Selbstbewusstsein. Er hat schon viele Vorlieben und Abneigungen entwickelt und beginnt, seine natürlichen Instinkte auszuleben. Am Anfang dieser Phase lernt der Welpe auch, was Stubenreinheit bedeutet. Er begreift, dass er die Wohnung nicht mit Harn und Kot verunreinigen darf. Muss der Welpe anfangs noch alle zwei Stunden zum Absetzen von Harn und Kot ins Freie gebracht werden, lernt er immer mehr, seine Körperfunktionen zu beherrschen. Der Labrador Retriever gehört zu den Hunderassen, die innerhalb kurzer Zeit lernen, ihr Entleerungsbedürfnis zu melden. Der Hund wird schnell stubenrein.

In dieser Phase verstärkt sich immer mehr das Vertrauen zwischen dem Hund und seiner Familie. Das Band wird immer enger. Der Hund versteht seine Bezugsperson oft auch ohne Worte. Er versucht, sofort alle Wünsche zu erfüllen und ein angenehmer Begleiter zu sein.

## Ungefähr im neunten Lebensmonat beginnen die Flegeljahre

Der Labrador Retriever wird geschlechtsreif. Die Umstellung der Hormone bringt auch eine Veränderung des Verhaltens mit sich. Hunde, die sich in der Pubertät befinden, reagieren ebenso unberechenbar wie pubertierende Teenager. Der Labrador beginnt, kurz gegen seinen Halter aufzubegehren. Er testet seine Grenzen aus und versucht, in der Rangordnung aufzusteigen. Da sein Will to Please aber sehr groß ist, verläuft diese Phase beim Labrador Retriever weniger dramatisch als bei anderen Hunderassen. Der Hund beginnt auch, sich körperlich zu verändern. Der Babyspeck verschwindet, die Muskulatur wird ausgeprägter. In dieser Phase sollten Sie mit Ihrem Hund besonders geduldig umgehen. Sie wird nicht sehr lange dauern. Hauptsache, Sie sind in der Erziehung weiter konsequent. Die Pubertät geht fließend in eine Phase der Adoleszenz über. Jetzt ist nicht nur die körperliche Entwicklung des Hundes abgeschlossen. Die Nervenverbindungen in seinem Gehirn sind vollständig umstrukturiert worden. Alte Verknüpfungen, die der Labrador Retriever als Welpe benötigt hat, sind aufgelöst worden. Neue Verknüpfungen wurden durch Erfahrungen und Erziehung aufgebaut. Die Reifung des Gehirns ist abgeschlossen. Der Labrador Retriever ist endgültig kein Junghund mehr, sondern erwachsen.

## Der erwachsene Labrador Retriever

Erst mit drei Jahren ist das Wachstum des Labrador Retrievers vollständig abgeschlossen. Alle Wachstumsfugen der Knochen sind geschlossen. Der Hund wächst nicht mehr weiter. Jetzt kann der Schwerpunkt des Trainings des Hundes auf die körperliche und geistige Auslastung abgestimmt werden. Auch wenn die Grundkommandos immer wieder in einem Training aufgefrischt werden, beherrscht der Labrador Retriever diese perfekt. Der Hund ist jetzt ein perfekter Begleiter, mit dem man viele Unternehmungen starten kann.

## Der Labrador Retriever als Senior

Abhängig von seiner Fellfarbe und individuellen Voraussetzungen tritt der Labrador Retriever jetzt in seinen letzten Lebensabschnitt ein. Zwischen dem sechsten und dem neunten Lebensjahr wird der Labrador zum Seniorhund. Seine Leistungsfähigkeit lässt langsam nach. An den Gelenken machen sich Abnutzungserscheinungen bemerkbar. Eventuell treten auch Beschwerden durch Erkrankungen des Herzens oder der Gefäße auf.

Jetzt ist es besonders wichtig, dass Sie den alten Hund körperlich und geistig fit halten. Der Labrador Retriever ist bis ins hohe Alter hinein lernwillig und neugierig. Er möchte weiter spielen und auch körperlich aktiv sein. Die

Unternehmungen müssen einfach nur an seinen körperlichen Zustand angepasst werden.

Vielleicht benötigt Ihr Labrador Retriever jetzt auch bei nassem und kaltem Wetter einen Regenmantel, da das Fell etwas schütter ist und nicht mehr so gut vor der Kälte schützt. Die Wärme des Mantels wirkt sich auch positiv auf die Gelenke aus. Der Hund fühlt sich wohler und wird lieber spazieren gehen. Ab welchem Zeitpunkt Ihr Hund einen schützenden Mantel benötigt, ist individuell sehr verschieden. Achten Sie einfach darauf, ob er draußen zittert oder bei Kälte sehr steif läuft.

## Der letzte Abschnitt: der Tod des Labrador Retrievers

Die Lebenserwartung eines Labrador Retrievers liegt durchschnittlich zwischen neun und 12,5 Jahren. Es gibt allerdings auch Hunde, die 14 Jahre und älter werden. Trotzdem ist bei jedem Hund einmal der Zeitpunkt gekommen, um Abschied zu nehmen. Ein alter Hund, der viel schläft, aber immer noch Spaß am Leben und Fressen hat, muss nicht unbedingt eine schlechte Lebensqualität haben. Treten allerdings durch Erkrankungen Schmerzen auf, die nicht behandelt werden können, sollten Sie sich von einem Tierarzt beraten lassen, welche Lebensqualität der Hund noch hat. Leider kommt bei jedem Lebewesen, dem wir unsere Liebe und Freundschaft geschenkt haben, einmal der Zeitpunkt, an dem Abschied genommen werden muss. Ihr Freund hat Sie durch viele Jahre Ihres Lebens begleitet. Lassen Sie ihn jetzt nicht allein. Begleiten Sie ihn auch an seinem letzten Tag und erleichtern Sie ihm so den Abschied.

Denken Sie immer daran: Der Labrador Retriever hat ein kürzeres Leben als wir. Denn er muss einen wesentlichen Teil in seinem Leben nicht mehr lernen: die Liebe zu seinem Menschen.

# Erstaunliches aus der Welt der Labradore

Der Labrador Retriever vollbringt nicht nur im Alltag erstaunliche Leistungen. Der vielseitige Hund hat ein derart großes Potenzial, dass er für viele verschiedene Aufgaben eingesetzt werden kann. Er ist ein liebevoller Familienhund, ein zuverlässiger Jagdhund, ein Suchhund mit einem ausgezeichneten Geruchssinn und ein perfekter Assistenzhund für Menschen mit Erkrankungen. Nur eines ist er nicht: ein Wachhund. Aber das ist bei dem Leben, das der Labrador Retriever mit seinem Menschen führen möchte, nicht wirklich wichtig.

Wegen seiner hohen Intelligenz und der Gelehrsamkeit wird der Labrador Retriever auch gerne für Filme abgerichtet. Wer kennt nicht den Film „Marley und ich", in dem ein Labrador Retriever die Hauptrolle spielt. Vom Welpen bis zum Seniorhund bereichert Marley das Leben seiner Familie und durchlebt mit seinen Menschen die aufregendsten Abenteuer.

Lucky und Flo, zwei schwarze Labrador-Spürhunde, konnten im Laufe ihres Dienstlebens mehr als zwei Millionen gefälschte DVD´s erschnüffeln.

Sadie, ebenfalls ein schwarzer Labrador Retriever, hat in Afghanistan vielen Soldaten das Leben gerettet.

Der Labrador Retriever Willie rettete in Icy Bay in Alaska seinen Freund John vor einem Angriff von Wölfen.

Auch in das Weiße Haus in Washington ist schon einmal ein Labrador Retriever eingezogen. Buddy war der First Dog von Präsident Bill Clinton. Auch der russische Präsident Wladimir Putin besitzt einen Labrador Retriever mit dem Namen Koni.

Der Labrador ist eben ein richtiger Held auf vier Pfoten – egal ob mit Medaillen ausgezeichnet oder ein stiller Held des Alltags.

# Schlusswort

Jetzt sind Sie am Ende des Buches angelangt. Ich bedanke mich bei Ihnen, dass Sie das Buch gekauft und gelesen haben. Als Anfänger in der Hundehaltung haben Sie vieles über die Haltung und die Erziehung eines Labrador Retrievers erfahren. Aber auch als langjähriger Hundehalter sind Sie sicher auf viele Dinge gestoßen, die Ihnen noch nicht bekannt waren.

Nutzen Sie die Informationen und probieren Sie die neuen Dinge doch einfach einmal mit Ihrem Labrador Retriever aus.

Wenn Sie bis jetzt noch keinen Labrador Retriever gehalten haben, sind Sie sicher spätestens jetzt dem Charme der Hunderasse erlegen. Sie erfüllen alle Voraussetzungen für die Haltung eines Labrador Retrievers? Dann steht einem neuen Freund fürs Leben nichts mehr im Weg.

Ich wünsche Ihnen noch alles Gute für ein glückliches Zusammenleben mit dem wundervollsten Hund der Welt, dem Labrador Retriever.